Schriftenreihe Geschichte der Naturwissenschaften und der Technik

Johannes Kepler Universität Linz
herausgegeben von Franz Pichler und Gerhard Pohl

Band 49

Praktische Anwendung der Elektrizität 1850–1920

Illustrierte Bibliografie zu Elektrotechnik, Telegraphie und Funk

Franz Pichler

Schallenbergerweg 7
A-4048 Puchenau
Österreich

Kommissionsverlag:
TRAUNER Verlag + Buchservice GmbH
Köglstrasse 14, 4020 Linz, Österreich/Austria

Herstellung:
Paco Medienwerkstatt
Huttengasse 47, 1160 Wien

ISBN 978-3-99151-754-2

Franz Pichler

Praktische Anwendung der Elektrizität 1850–1920

Illustrierte Bibliografie zu Elektrotechnik, Telegraphie und Funk

Teil 1: Elektrizität und Elektrotechnik

Teil 2: Telegraphie über Leitungen und Seekabel

Teil 3: Hertzsche Wellen und Drahtlose Telegraphie

Universitätsverlag Rudolf Trauner

Schriftenreihe Geschichte der Naturwissenschaften und der Technik
Johannes Kepler Universität Linz

Herausgeber der Schriftenreihe

em. Univ. Prof. Ing. Dr. phil. Franz Pichler
c/o Systemtheorie
Technisch- Naturwissenschaftliche Fakultät
Johannes Kepler Universität Linz

Doz. Dr. phil. W. Gerhard Pohl
Langfeldstrasse 85
A 4040 Linz

Redaktion

Prof. Ing. Dr. Franz Pichler
c/o Systemtheorie
Johannes Kepler Universität Linz
A-4040 Linz

Band 49: **Praktische Anwendung der Elektrizität 1850–1920**
Illustrierte Bibliografie zu Elektrotechnik, Telegraphie und Funk

Die Electricität im Dienste der Menschheit (Urbanitzky 1885)

Vorwort

Die hier vorliegende Schrift stellt eine illustrierte Bibliografie für Bücher die im Zeitraum von 1850 bis 1920 für die technischen Fächer Elektrotechnik, Telegraphie und Funk, herausgegeben wurden, dar. Alle diese Fächer haben die Elektrizität als ihre wissenschaftliche Grundlage. Die dafür angeführten Bücher wurden von mir im Laufe der vergangenen Jahre im Rahmen meiner Tätigkeit als Sammler erworben, dies hauptsächlich von Buchantiquariaten, die diese mittels Kataloge und auch in den damals noch bestehenden Ladengeschäften zum Kauf anboten. Mit dem seit etwa dem Jahre 2000 bestehenden Internet sind diese Möglichkeiten in den Hintergrund getreten. Nunmehr stehen für den Kauf solcher Bücher im Internet verschiedene Verkaufsbühnen, in denen die Antiquariate ihre Angebote zusammenfassen, „digital" zur Verfügung. Mit einigen „Klicks" kann damit heute ein interessierter Sammler ein Buch finden und zum Kauf auswählen. Voraussetzung ist dafür jedoch, dass er mindestens den Autor und den Titel des Buches kennt. Hier kann eine illustrierte und kommentierte Bibliografie, wie eine solche mit dieser Schrift vorliegt, eine Hilfe sein. Wir wissen, dass heute der Besuch von Antiquariaten kaum noch möglich ist und auch das Abenteuer des Findens eines Buches in den Regalen der Antiquariate weitgehend der Vergangenheit angehört. Wenn auch heute mit den Mitteln des Internets eine höhere Effektivität im Aufbau einer historischen Fachbibliothek erlangt ist so sei dahingestellt, ob diese Arbeit mit der gleichen Freude, wie diese früher mit den damals gegebenen „analogen" Mitteln gegeben war, verbunden ist. Neben solchen Veränderungen, die die Digitalisierung und das Internet mit sich bringt, eröffnen sich jedoch damit auch neue Möglichkeiten für das Sammeln, sodass damit vielleicht ein Ausgleich gegeben ist.

Puchenau, im April 2025 Franz Pichler

Inhaltsangabe

Teil 1: Elektrizität und Elektrotechnik

Teil 2: Telegraphie über Leitungen und Seekabel

Teil 3: Hertzsche Wellen und Drahtlose Telegraphie

Teil 1: Elektrizität und Elektrotechnik

Wissenschaftliche Werke zur Elektrizität 1850- 1920

Allgemeines

In der zweiten Hälfte des 19´ten Jahrhunderts hat sich die Elektrizität als wichtiges neues Fach der Physik erwiesen. Ebenso entstand mit den möglichen praktischen Anwendungen der Elektrizität die Elektrotechnik in Form der heutigen Starkstromtechnik. Wesentlich dafür war die Anwendung des dynamoelektrischen Prinzips zur Erzeugung von Dynamos und elektrischer Motore. Diese Schrift präsentiert eine Sammlung von wichtigen Büchern dazu.

Einführung

Die Entdeckung der Elektrizität und die Erforschung der dafür geltenden physikalischen Gesetze gehört sicherlich zu den großen Errungenschaften der Menschheit. Beginnend mit der Entdeckung der Reibungselektrizität und der Kontaktelektrizität, die durch ein galvanisches Element erzeugt werden kann, wurde zur Elektrizität bereits um die Mitte des 19´ten Jahrhunderts eine beachtliche Stufe des naturwissenschaftlichen Wissens erreicht. Die Namen Volta, Oersted, Ampere und Faraday bürgen dafür. Die praktische Anwendung der Elektrizität, genauer gesagt des elektrischen Stromes, befand sich zu dieser Zeit noch in einem Frühstadium. Bereits von Beginn weg, erwartete man sich einen Erfolg in der Medizin. Diese blieben aber weitgehend aus. Einen großen Erfolg brachten jedoch die Anwendungen in der Telegraphie, der Technik zur Übertragung von schriftlichen Nachrichten über größere Entfernungen. Im Jahre 1850 gab es in England, Deutschland und auch in Österreich bereits ein Netz von Stationen, die elektrisch miteinander telegraphisch verbunden waren. Besonders fortgeschritten war zu dieser Zeit die USA, wo man bereits im Jahre 1844 mit dem neu erfundenen Telegrapheninstrument von Morse, eine Verbindung zwischen den Städten Washington und Baltimore in Betrieb genommen hatte.

In der zweiten Hälfte des 19´ten Jahrhunderts wurde jedoch für die Elektrizität ein gewaltiger Fortschritt erzielt. Aufbauend auf die vorangegangenen Ergebnisse wurden die Grundlagen der Elektrizität wissenschaftlich genauer erforscht. Dies betraf, um wichtige davon zu nennen, die Festlegung von Standards für die elektrischen Messgrößen, wie Volt, Ampere, Ohm und Henry, die theoretische Erfassung der elektromagnetischen Wellen und deren experimentellen Nachweis, sowie die Entdeckung des Elektrons als atomaren Bestandteil des elektrischen Stromes. Die Namen Weber, Neumann, Wiedemann, Siemens, Maxwell, W. Thomson, Hertz, Lenard und J.J. Thomson stehen dafür. Was die Anwendungen betrifft, so gelang es mittels des elektrischen Stromes Licht zu erzeugen und mit elektrischen Motoren mechanische Arbeit zu verrichten. Die bisher zur Erzeugung eines elektrischen Stromes eingesetzten magnetelektrischen Maschinen wurden nach Entdeckung des dynamoelektrischen Prinzips durch dynamoelektrische Maschinen ersetzt. Auch der Wechselstrom gewann an Bedeutung und verdrängte den bisher vorherrschenden Gleichstrom. Zur Übertragung des Wechselstromes von Wasserkraftwerken zu entfernten Städten, als eines der ersten Beispiele dient hier meist das Niagara Kraftwerk und die Stadt Buffalo, dienten Transformatoren und Hochspannungsleitungen. Es waren Ingenieure wie Siemens, Frölich, Kapp, Wheatstone, Hopkinson, Edison. Tesla und Steinmetz, die damit als neue technische Disziplin die Elektrotechnik geschaffen haben.

Das zur Physik gehörige Gebiet der Elektrizität bekam in der zweiten Hälfte des 19´ten Jahrhunderts seine wissenschaftliche Grundlage. Damit in Zusammenhang entstand auch das technische Fach Elektrotechnik das sich zunächst hauptsächlich dem Bau von Dynamos und Motore widmete, dies zusammen mit dem Bau der notwendigen Kraftwerke und der Leitungsnetze zur Lieferung des elektrischen Stromes an die Verbraucher. Die Entwicklung des elektrischen Lichtes war auch eine wichtige elektrotechnische Aufgabe in dieser Zeit. Mit der Einführung des Wechselstromes ist auch der Bau von Transformatoren und die Errichtung der Hochspannungsleitungen zusammen mit den dafür notwendigen Schaltzentralen und Blitzschutzeinrichtungen zu einem wichtigen Thema in der Elektrotechnik geworden.

Zur Demonstration dieser Entwicklungen werden in dieser Schrift wichtige wissenschaftliche Werke aus der Sammlung des Autors besprochen. Zusätzlich werden an Hand wichtiger technischer Werke die praktischen Anwendungen behandelt. Es handelt sich dabei um Werke zur Starkstromtechnik, d.h. um den Teil der Elektrotechnik, in dem der elektrische Strom vor allem als Träger von Energie verwendet wird. Dem gegenüber steht die Schwachstromtechnik, in der mittels des elektrischen Stromes Signale zur Übermittlung von Information erzeugt werden. Die Sammlung von Werken aus dem Gebiet der Schwachstromtechnik geschieht im nachfolgenden Teil 2 und Teil 3 dieser Schrift.

Die Elektrizität und ihre Technik (Leipzig 1900)

Grundlegende Werke

Wilhelm Weber: Elektrodynamische Maassbestimmungen, Abhandlung I-V. 1846-1864

Wilhelm Weber wurde 1804 in Wittenberg geboren. Nach dem Studium der Physik bekam er eine außerordentliche Professur in Halle. 1831 wurde er Professor für Physik in Göttingen. Dort kam es zu einer sehr erfolgreichen Zusammenarbeit mit dem berühmten Mathematiker Gauß. Die Errichtung des ersten erdmagnetischen Laboratoriums und die Erfindung des ersten elektrischen Telegraphen im Jahre 1833 zur Übertragung von magnetischen Daten geben davon Zeugnis. Wilhelm Weber gehörte zu den „Göttinger Sieben", den Professoren, die aus politischen Gründen im Jahre 1837 in Göttingen entlassen wurden. Nach einigen Jahren als privater Gelehrter erhielt Weber im Jahre 1843 einen Ruf nach Leipzig. Nach der Revolution vom Jahre 1848 konnte Weber im Jahre 1849 wieder an seine alte Stelle in Göttingen zurückkehren. Wilhelm Weber starb im Jahre 1891 in Göttingen, wo sich auch am Friedhof sein Grab findet.

Webers wissenschaftliche Verdienste liegen hauptsächlich im Gebiet der elektrischen Messungen und der Schaffung eines elektrodynamischen Maßsystems. Wichtige Grundlage dazu waren seine theoretischen Ergebnisse zur mathematischen Erfassung der Fernwirkung elektromagnetischer Kräfte mittels eines Universalgesetzes das sowohl die Ergebnisse zum Elektromagnetismus von Ampere als auch das von Faraday erhaltene Induktionsgesetz berücksichtigt. Für die praktische Arbeit war es für Weber notwendig ein Elektrodynamometer zu konstruieren, das eine exakte Messung der elektrodynamischen Kräfte erlaubte.

In dem hier angeführten Werk sind die dazu in den „Abhandlungen der k. sächsischen Gesellschaft der Wissenschaften" erschienenen Resultate enthalten. Im Einzelnen werden folgende Themen dort angesprochen:

Abhandlung I: Konstruktion des Elektrodynamometer und Grundgesetz (1846)
Abhandlung II: Widerstandsmessungen (1852)
Abhandlung III: Diamagnetismus (1852)
Abhandlung IV: Stromintensitätsmessungen mittels mech. Maße (1857)
Abhandlung V: Elektrische Schwingungen (1864)

Weber Band I- V

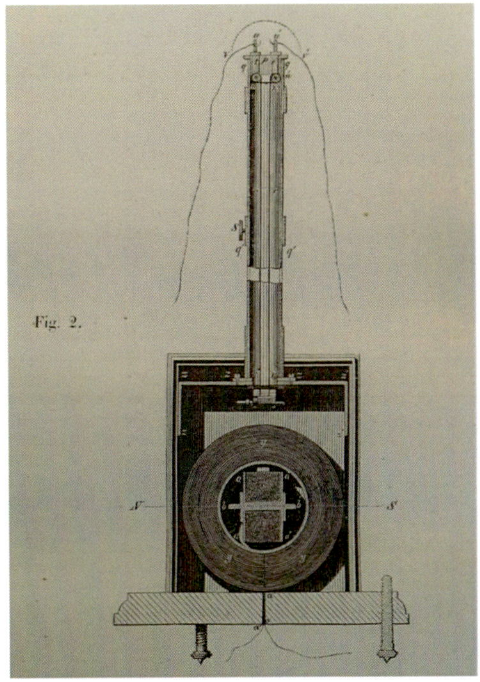

Elektrodynamometer von Weber

Peter Theophil Riess: Abhandlungern zu der Lehre von der Reibungselektricität, 1.u.2. Band, Berlin 1867

Peter Theophil (auch Gottlieb) Riess war ein deutsch-jüdischer Physiker, geboren im Jahre 1804 in Berlin und dort im Jahre 1883 verstorben. Er studierte an der Berliner Universität Physik von 1924 an und schloss dieses im Jahre 1831 mit dem Doktorat ab. Eine spätere Berufung nach Breslau lehnte er ab und bevorzugte als Privatmann seine wissenschaftlichen Untersuchungen vorzunehmen. Dies sehr erfolgreich was seine erschienenen Werke zeigen.
Bereits 1842 wurde er das erste jüdische Mitglied der Königl.-Preuss. Akademie der Wissenschaften. Sein Hauptinteresse galt dem Gebiet der Reibungselektrizität zu dem er zahlreiche Ergebnisse, die Resultate seiner experimentellen Versuche waren, lieferte. Das Hauptwerk dazu erschien 1853 gefolgt von weiteren wichtigen Werken im Jahre 1867 und 1879. Peter Theophil Riess war Mitglied zahlreicher wissenschaftlicher Gesellschaften des In- und Auslandes.

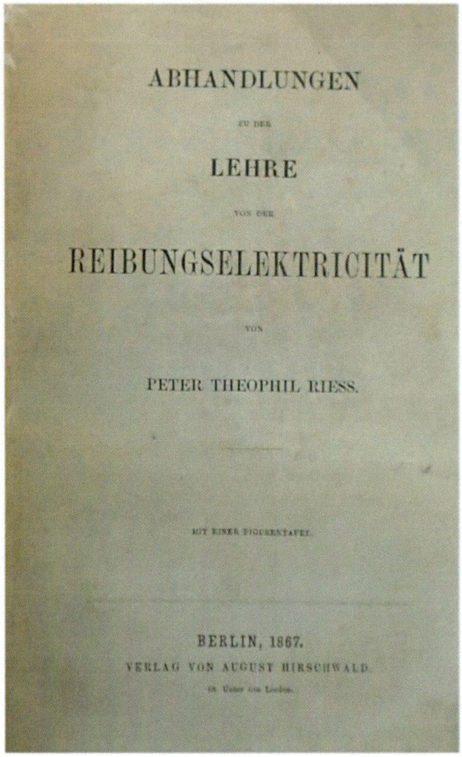
ABHANDLUNGEN

LEHRE

REIBUNGSELEKTRICITÄT

VON

PETER THEOPHIL RIESS.

BERLIN, 1867.
VERLAG VON AUGUST HIRSCHWALD.

Riess: Reibungselektrizität 1867

W.G.Hankel: Elektrische Untersuchungen, 1. bis 8. Abhandlung, Leipzig 1856-1870

Wilhelm Gottlieb Hankel wurde im Jahre 1814 in Ermsleben geboren. Er studierte an der Universität Halle Physik und Chemie, wo er sich 1840 für diese Fächer habilitierte. Von 1849 bis 1889 wirkte er als ordentlicher Professor für Physik an der Universität in Leipzig. Sein Hauptinteresse galt der Erforschung der thermoelektrischen Eigenschaften der Kristalle. Seine dazu erhaltenen Ergebnisse erschienen unter dem Titel „Elektrische Untersuchungen“ in den „Abhandlungen der Königl.- Sächsischen Gesellschaft der Wissenschaften“. Wilhelm Gottlieb Hankel verstarb 1899 in Leipzig. Sein Sohn Hermann Hankel (1839- 1873) war ein bedeutender deutscher Mathematiker, dessen Name durch die von ihm bearbeiteten speziellen Zylinderfunktionen, die „Hankel-Funktionen“, bis heute bekannt ist.

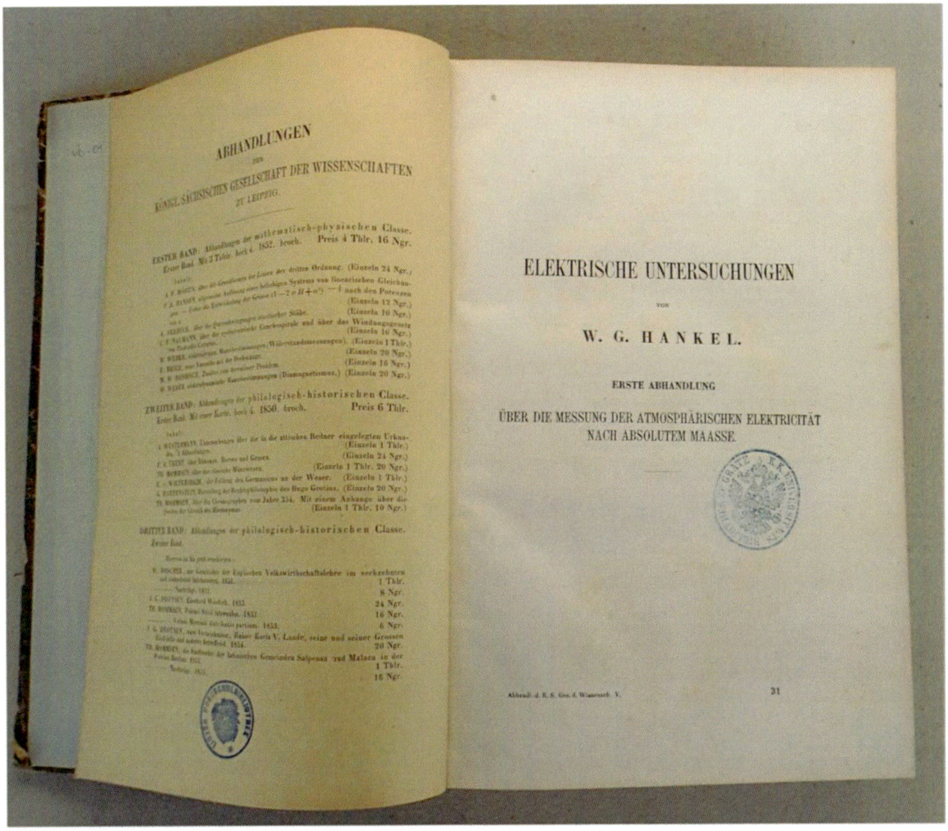

Hankel: Elektrische Untersuchungen 1856- 1870

Ein wichtiges Werk zur Gesamtdarstellung der Elektrizität

Gustav Wiedemann: Die Lehre vom Galvanismus und Elektromagnetismus, Band I,II, Braunschweig 1872,1873,1874

Gustav Wiedemann: Die Lehre von der Elektricität, I,II,III,IV. Band, Braunschweig 1893-1898

Gustav Wiedemann wurde 1826 in Berlin als Sohn einer Kaufmannsfamilie geboren. Er studierte die Fächer Physik, Chemie und Mathematik in Berlin. Es folgten ab 1854 „Wanderjahre“. Von 1854- 1863 war Wiedemann Hochschullehrer in Basel, von 1863- 1866 an der Technischen Hochschule in Braunschweig und von 1866- 1871 in Karlsruhe. Im Jahre 1871 wechselte Wiedemann nach Leipzig wo er den Lehrstuhl für Physik und Chemie und ab 1887 den für Physik innehatte. Gustav Wiedemann verstarb in Leipzig im Jahre

1899. Die Vorlesungen die Wiedemann in diesen Wanderjahren gehalten hat, führten zu dem für die damalige Zeit sehr wichtigen Werk zum Galvanismus und zum Elektromagnetismus.

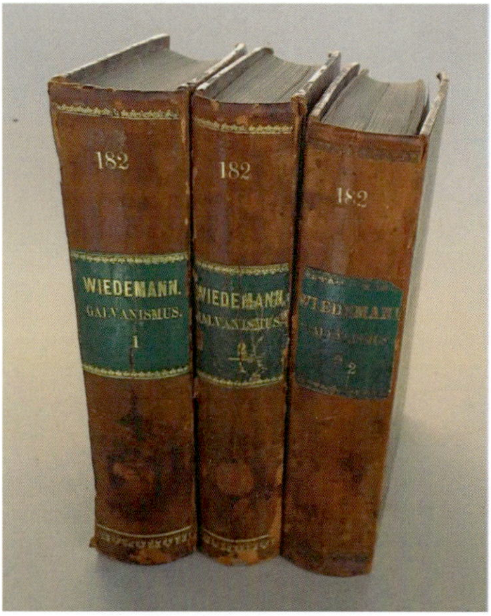

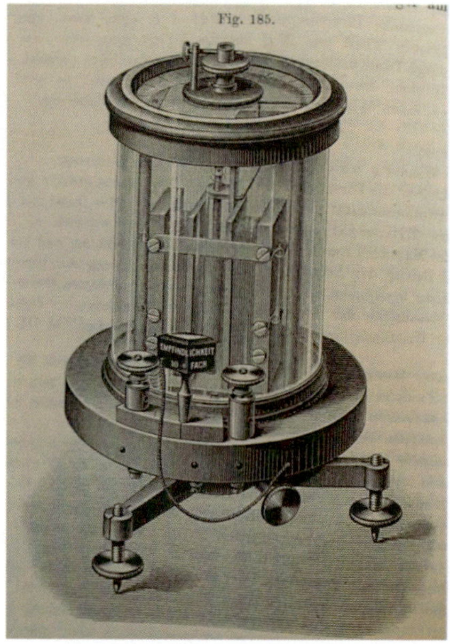

Wiedemann Galvanismus 1, 2/2, 2/2 — Torsionsgalvanometer

Neben diesem Werk und seinen zahlreichen wissenschaftlichen Beiträgen zur Physik und Chemie muss vor allem sein späteres Hauptwerk, das große Handbuch zur „Lehre von der Elektrizität“, genannt werden. Dazu liegt von Friedrich Kohlrausch, der als junger Gelehrter dieses Werk kennen lernte, die folgende Aussage vor

*„In diesem Zustand (*der Wissenschaft von der Elektrizität*) fiel Wiedemann's Unternehmen zum ersten Mal, die Leistungen als geordnetes Ganzes darzustellen. Es wäre vielleicht kein Anderer im Stande gewesen, diese Aufgabe so wie er durchzuführen. In klarer übersichtlicher Anordnung mit eingehenden sorgfältigen Literaturangaben versehen und in einer Vollständigkeit, die bei dieser ersten Bearbeitung besonders anerkennungswert ist, stand plötzlich das ganze großartige Gebiet vor unseren Augen“*

Wiedemann hat sicherlich mit seinem Werk eine wissenschaftliche Basis zur Entwicklung der Elektrotechnik geschaffen.

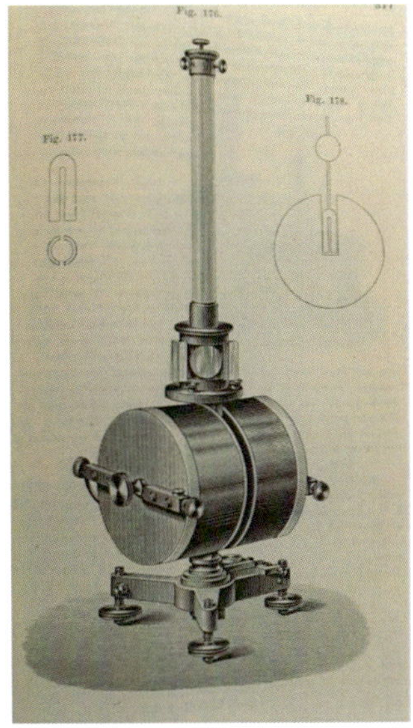

Wiedemann Band I,II,III,IV

Spiegelgalvanometer

Die Ausarbeitung der Ergebnisse des Elektromagnetismus zu einem neuen Gebiet der Theoretischen Physik

Dr. Franz Neumann: Vorlesungen über Elektrische Ströme, Leipzig 1884
Dr. Franz Neumann: Vorlesungen über die Theorie des Magnetismus Leipzig 1881 (mit persönlicher Widmung)
Dr. Carl Neumann: Die Elektrischen Kräfte, 1. Theil, Leipzig 1873, 2. Theil Leipzig 1898 (mit persönlicher Widmung)

Franz Neumann wurde 1798 in Mellin außerehelich als Sohn der Gräfin von Mellin geboren und wurde von seinem Vater, Gutsverwalter des Schlosses von Mellin und seinem Großvater erzogen. Nach dem Abitur in Berlin studierte Neumann zuerst in Jena dann in Berlin Mathematik und Naturwissenschaften und schloss dieses mit einer Dissertation im Fach Mineralogie ab. 1826 wechselte er nach Königsberg wo er sich habilitierte. Aus seiner Ehe entstanden fünf Kinder, wobei sein Sohn Carl Gottfried Neumann (1832-1925) als Professor für Mathematik und Physik später in seine Fußstapfen trat. Franz Neumann begann seine wissenschaftlichen Arbeiten im Gebiet der Kristallographie, wechselte über zur Wellentheorie des Lichtes und bekam von diesem Gebiet das Interesse für das Studium des Elektromagnetismus. Mit seinem wichtigen Werk „Die mathematischen Gesetze der induzierten elektrischen Ströme“ von 1845 gelang es ihm die Resultate von Ohm, Ampere, Faraday und Weber in mathematisch befriedigender Weise darzustellen. Von seinem Sohn Carl Neumann wurden die Arbeiten seines Vaters mit Erfolg fortgesetzt. Das Werk von Franz Neumann, das neben der Elektrizität auch andere Gebiete der Physik enthält, kann in Deutschland als die „Geburtsstunde“ der Theoretischen Physik angesehen werden.

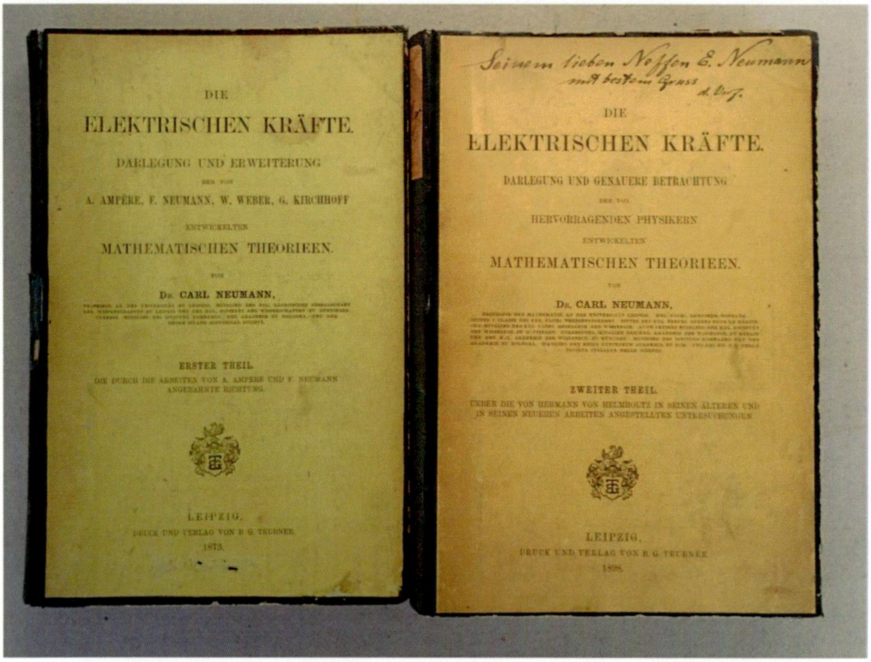

Neumann: Elektrische Kräfte 1873, 1898

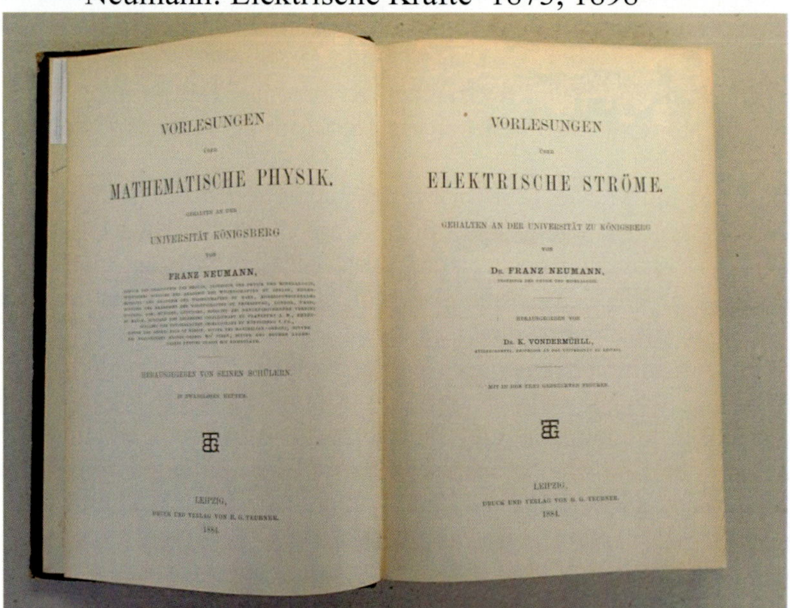

Neumann: Vorlesungen über Elektrische Ströme 1884

Michael Faraday: Experimental-Untersuchungen über Elektrizität, 1.2.3. Band, Berlin 1889,1890,1891

Die englische originale Publikation „Experimental Researches in Electricity" erschien in drei Bänden in den Jahren 1839,1844 und 1855. Mit dem in der zweiten Hälfte des 19. Jahrhunderts besonders in Deutschland angestiegenen Interesse an der Entwicklung der Elektrotechnik, lag es nahe, dieses wichtige Werk in einer deutschen Übersetzung zur Verfügung zu haben. Dr. S. Kalischer, Privatdozent an der Technischen Hochschule Berlin, übernahm diese Aufgabe. Doz. Kalischer konnte dabei zu den einzelnen Paragraphen der „Researches" auch kleinere Arbeiten von Faraday, die in verschiedenen Journalen zerstreut zu finden sind, zusätzlich aufnehmen.

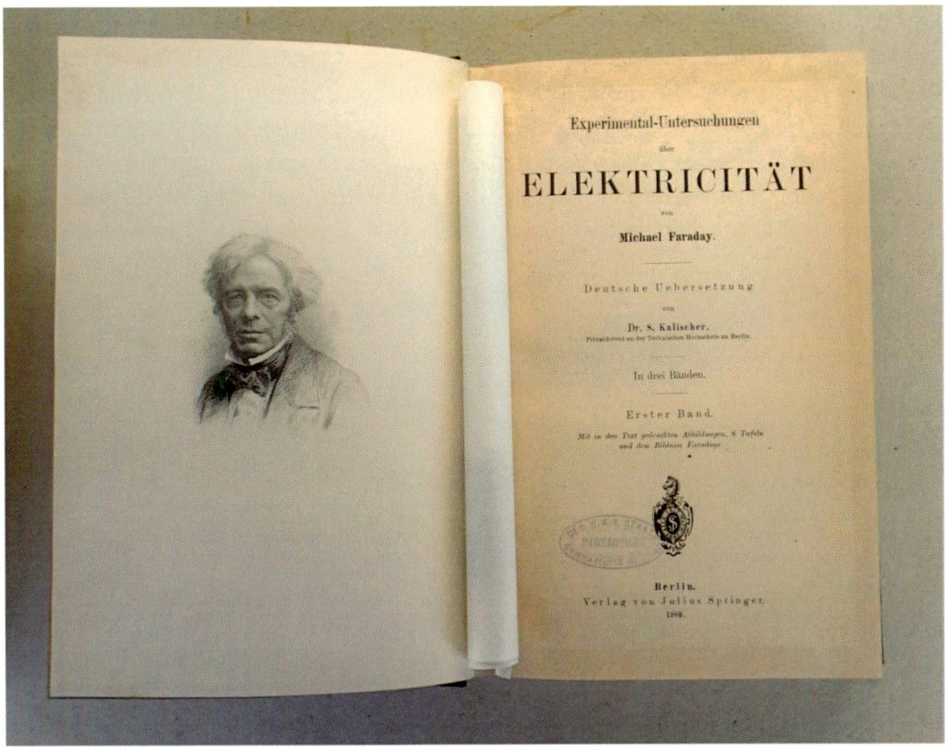

Faraday: Experimental-Untersuchungen über Elektrizität, Band 1 1889

James Clerk Maxwell: A Treatise on Electricity and Magnetism. Third Edition, Oxford 1904
James Clerk Maxwell: Lehrbuch der Elektricität und des Magnetismus, Übersetzung von Dr. B. Weinstein. 1. und 2. Band, Berlin 1883

Maxwell versuchte in seiner Publikationen„Physical lines of forces" das von Faraday entwickelte Konzept der Feldlinien mathematisch zu erfassen. In der Folge erschien 1865 seine wichtige Arbeit zur dynamischen Theorie des elektromagnetischen Feldes. In dieser Arbeit führte er das Konzept des Verschiebungsstromes ein und lieferte auch eine elektromagnetische Theorie des Lichtes. In seinem bekannten Hauptwerk „A Treatise on Electricity and Magnetism,Vol I, II, London 1873" findet man das System von Gleichungen, wie man diese heute als die „Maxwellschen Gleichungen" kennt, allerdings verfasst in kartesischen Koordinaten. Das Buch von Maxwell, das hier in der der von J.J.Thomson herausgegebenen dritten Auflage und in der deutschen Übersetzung vorliegt, gehört zu den wichtigsten Werken der Elektrodynamik. Die Vorstellung dass die elektrischen Kraftwirkungen mittels der Ausbreitung einer elektromagnetischen Welle zu erklären sind, wird heute allgemein akzeptiert. Während Weber und Neumann eine „Fernwirkungstheorie" in der Elektrodynamik verfolgten, trat mit diesem Werk von Maxwell nun eine „Nahwirkungstheorie" in den Vordergrund.

Maxwell , Vol I, II

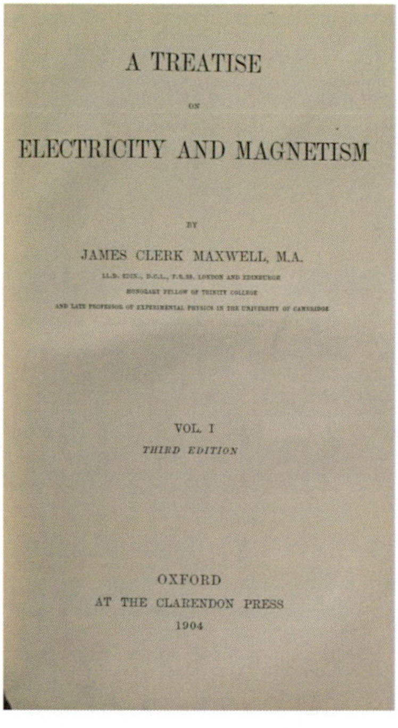

Titel des ersten Bandes

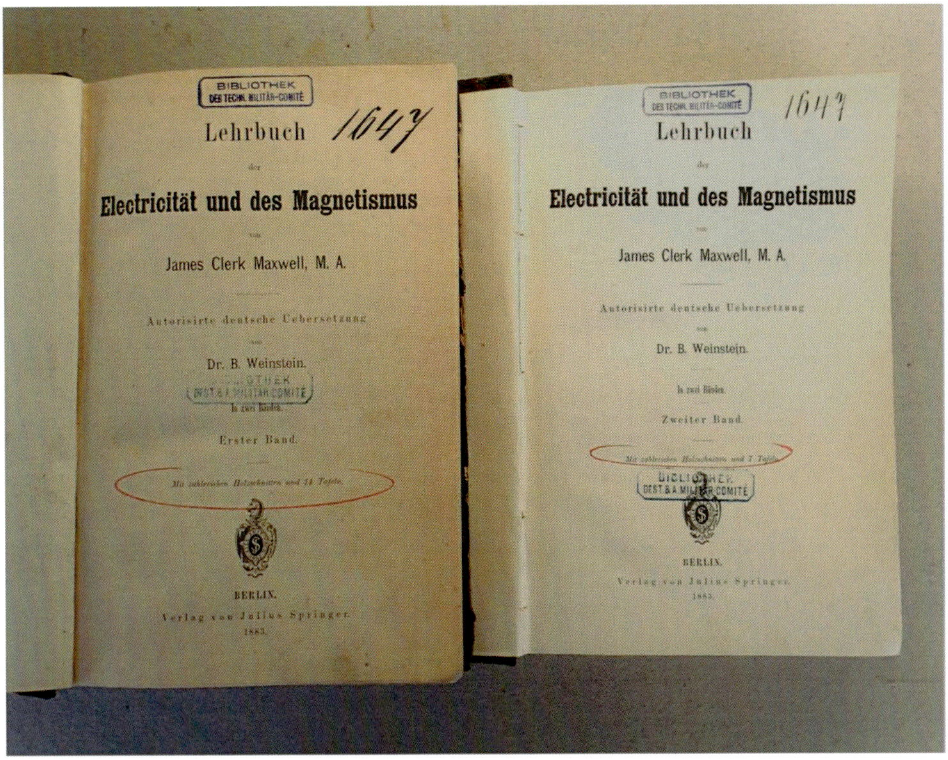

Maxwell, deutsche Übersetzung, Erster und Zweiter Band

H.Ebert: Magnetische Kraftfelder.I. Teil. Leipzig 1896, II.Teil Leipzig 1897

Hermann Ebert wurde 1861 in Leipzig geboren. Ab 1881 studierte er an der dortigen Universität Mathematik und Naturwissenschaften (Astronomie und Physik). Er promovierte 1886 an der Universität Erlangen, wo sein Lehrer Wiedemann nun tätig war. 1894 wurde er Professor für Theoretische Physik in Leipzig und Kiel, 1898 nahm er eine Professur für Physik an der Technischen Hochschule München an. Er starb in München im Jahre 1913.
Der Schwerpunkt seiner Forschungen lag im Gebiet der Spektroskopie und Gasentladungen. Seine Studien zur elektromagnetischen Induktion stellte er in seinem Werk über „Magnetische Kraftfelder“, das er dem Andenken an Heinrich Hertz widmete, vor.

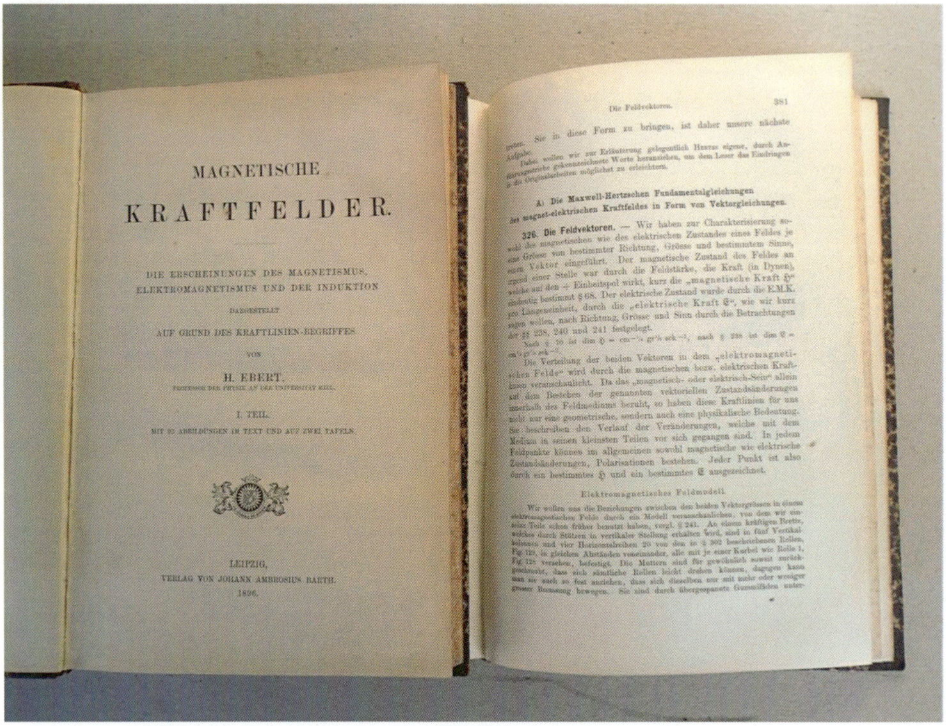

Ebert: Magnetische Kraftfelder

Dr. A. Föppl: Einführung in die Maxwell´sche Theorie der Elektricität Leipzig 1894
Dr. Josef Ritter von Geitler: Elektromagnetische Schwingungen und Wellen. Braunschweig 1905

August Otto Föppl wurde im Januar 1854 in Groß-Umstadt, Hessen, geboren. Er studierte ab 1869 zuerst an der polytechnischen Schule in Darmstadt das Bauwesen, das er 1874 an der Technischen Hochschule Karlsruhe mit dem Diplom abschließen konnte. Das Doktoratsstudium schloss er im Fach Physik unter Wiedemann im Jahre 1896 ab. Von 1894 bis 1922 war Föppl Professor für Technische Mechanik an der Technischen Hochschule München. In Deutschland war Föppl einer der ersten, die von der von Oliver Heaviside eingeführten Vektoranalysis Gebrauch machten. Er verwendete diese auch in seinem Buch zur Maxwell´schen Theorie der Elektrizität, das als erstes deutschsprachige Buch zu diesem Thema gilt. Auch Albert Einstein hat dieses Buch von Föppl studiert.

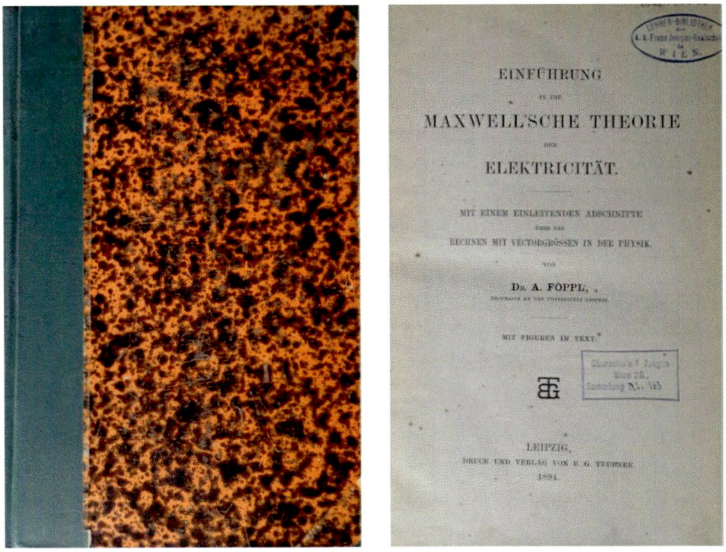

Föppl: Maxwell´sche Theorie

Dr. von Geitler wurde 1870 in Smichov bei Prag geboren. Nach dem Studium der Physik in Bonn und Prag begann er an der k.u.k. deutschen Universität in Prag seine Berufslaufbahn als Privatdozent. Von 1907 bis 1919 war er ordentlicher Professor für Physik in Czernowitz, anschließend in der Zeit nach dem Ersten Weltkrieg Honorardozent an der Technischen Hochschule Graz.
Er starb im Jahre 1923 in Graz. Sein wissenschaftliches Hauptinteresse galt der Erforschung der elektromagnetischen Wellen.

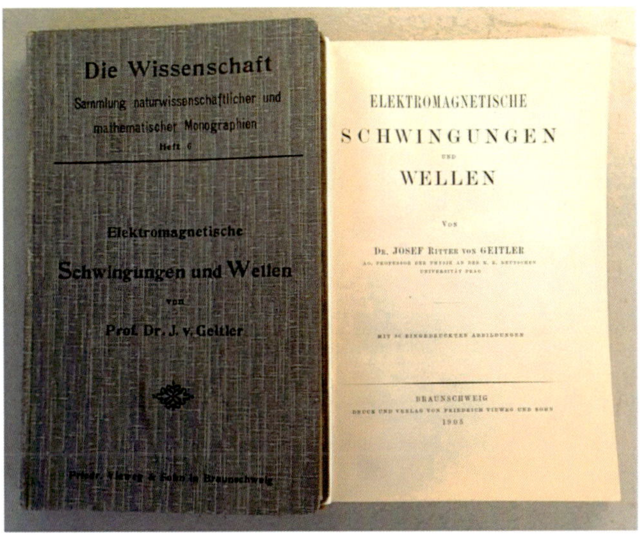

von Geitler: Elektromagnetische Schwingungen und Wellen

Werner Siemens: Wissenschaftliche und Technische Arbeiten. Erster Band. Wissenschaftliche Abhandlungen und Vorträge. Berlin 1889

Werner Siemens gehört mit Sicherheit zu den wichtigsten Personen, die das Gebiet der Elektrizität und der Elektrotechnik entscheidend beeinflussten. Nicht nur, dass er mit der Gründung der Firma Siemens & Halske eine Firma mit Weltgeltung ins Leben ruf, sondern er war auch als Wissenschaftler und als Techniker äußerst erfolgreich. In diesem ersten Band des Berichtes dazu, werden 36 publizierte wissenschaftliche Arbeiten wiedergegeben. Von diesen soll nur die vielleicht bedeutendste Arbeit „Ueber die Umwandlung der Arbeitskraft in elektrischen Strom ohne permanente Magnete“ aus dem Jahre 1867 hier genannt werden. Mit dieser Arbeit wurde (zeitgleich mit Charles Wheatstone in England) die effektive Erzeugung des elektrischen Stromes durch Generatoren möglich gemacht. Man kann das Jahr 1867 deshalb auch als Geburtsjahr der Elektrotechnik ansehen.

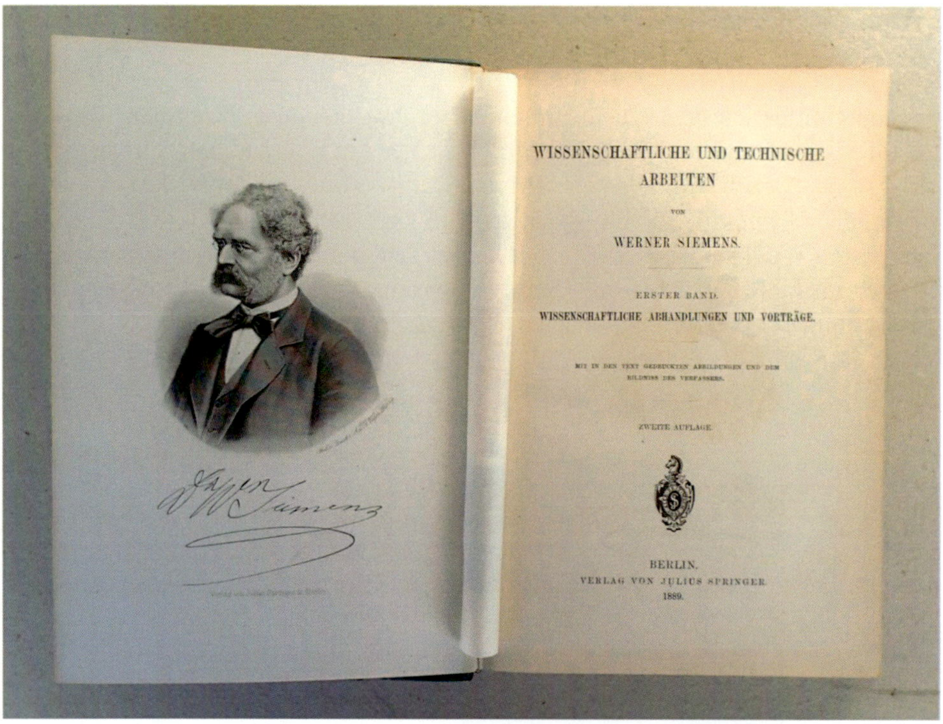

Siemens. Wissenschaftliche Abhandlungen und Vorträge

Lehrbücher zu den physikalischen Grundlagen der Elektrodynamik

James Clerk Maxwell: An Elementary Treatise on Electricity, Oxford 1881
E. Mascart und J. Joubert: Lehrbuch der Elektrizität und des Magnetismus. und 2. Band, Berlin 1886, 1888
H. Poincare: Les Oscillations Electriques. Paris 1894
J.J. Thomson: Elements of the Mathematical Theory of Electricity and Magnetism. Cambridge 1895
Dr. Max Planck: Einführung in die Theorie der Elektrizität und des Magnetismus. Leipzig 1922

Mit den Entdeckungen der elektromagnetischen Wellen durch Heinrich Hertz und den von Maxwell dazu geschaffenen mathematischen Grundlagen wurde dieses Gebiet von bedeutenden Physikern der Zeit als Lehr- und Forschungsgebiet angenommen. Die dazu erschienenen Lehrbücher und Monographien geben davon ein Zeugnis ab.

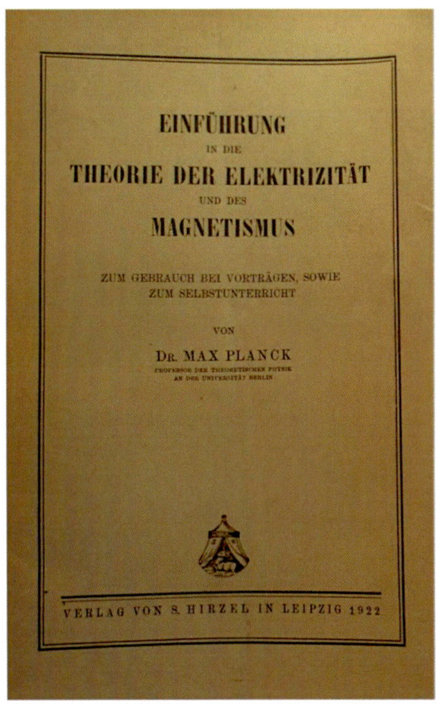

Maxwell, Macart, Joubert, Lorentz

Planck

Elektronen als Bausteine des elektrischen Stromes

William Crookes: Strahlende Materie, Leipzig 1879

Dr. J. Puluj: Strahlende Elektroden-Materie und der sogenannte vierte Aggregatzustand, Wien 1883
P. Lenard: Über Kathodenstrahlen. Nobel-Vortrag, Berlin und Leipzig 1920
J.J. Thomson: Conduction of Electricity through Gases. Cambridge 1903
J.J. Thomson: Elektrizitäts-Durchgang in Gasen. deutsche Ausgabe von Dr. E. Marx, Leipzig 1906
H.A. Lorentz: The Theory of Electrons. Leipzig 1909
O.W. Richardson: The Electron Theory of Matters, Cambridge 1914

Vom deutschen Physiker Plücker wurden bei Versuchen mit Geißlerröhren Lichteffekte beobachtet, die auf die Existenz von bisher unbekannten Strahlungen hinwiesen. Anschließende Forschungen durch Eugen Goldstein (ab 1876), der dafür den Namen „Kathodenstrahlen" einführte, und besonders durch den Engländer William Crookes (ab 1879) führten zu interessanten Ergebnissen. Crookes beeindruckte das interessierte Publikum besonders durch die von ihm gezeigten Experimente. Mit Kathodenstrahlen konnte Crookes ein Rad mit Windflügeln aus Glimmer zum Drehen bringen, wobei er fälschlich annahm, dass Kathodenstrahlen aus Gasmolekülen bestehen und dass deren Aufprall eine Kraftwirkung auf das Rad ausübt. Wir wissen heute, dass diese Kraftwirkung nur durch den „Radiometereffekt" entsteht, der darin besteht, dass sich die Windflügel beim Auftreffen der Kathodenstrahlen erwärmen und durch den damit entstehenden Wind einen Rückstoß erfahren. Crookes nahm an, dass es sich bei den Kathodenstrahlen um einen neuen bisher unbekannten Aggregatzustand der Materie, der „Strahlenden Materie", handelt. Ein weiteres Experiment, das Crookes durchführte, betraf die Wärmewirkung der Kathodenstrahlen. Es wird dabei durch einen Magneten der Strahl auf die Wand der Glasröhre abgelenkt und dadurch ein Schmelzen des Glases bewirkt. Über eine Linse konnte dieser Vorgang auf eine Wand projeziert werden. In Österreich nahm sich an der k.k. Universität Wien der Privatdozent für Physik Dr. Johann Puluj dem Gebiet der Kathiodenstrahlen an und publizierte dazu.

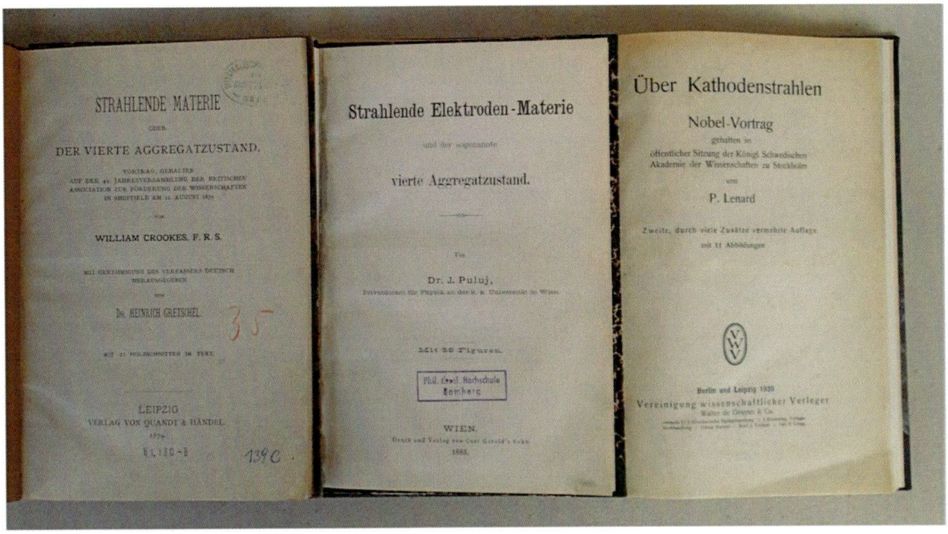

Crookes, Puluj, Lenard (Titelseiten)

In Deutschland war auch Heinrich Hertz, damals noch Privatdozent an der Universität Kiel, an der Erforschung der Kathodenstrahlen interessiert. Hertz wollte jedoch entdeckt haben, dass die Kathodenstrahlen eine Wellennatur, ähnlich zum Licht, aufweisen. Philipp Lenard (1862- 1947), der im Jahre 1892 in Bonn Assistent von Hertz wurde, nahm diese Forschung erneut auf. In diesem Zusammenhang gelang es Lenard eine spezielle Röhre zu entwickeln, mit der Kathodenstrahlen durch ein Aluminiumfenster in den Außenraum der Röhre, also in den Luftraum, gelangen konnten. Damit konnten wesentliche neue Eigenschaften der Kathodenstrahlen, zum Beispiel welche Durchlässigkeit verschiedene Materialien diesen gegenüber haben, gefunden werden.
Vielleicht waren die publizistischen Erfolge von Crookes in England der Grund, dass man dort an den Universitäten den Kathodenstrahlen eine größere Aufmerksamkeit schenkte. Besonders traf dies auf die Universität von Cambridge zu, an der 1884 Joseph John Thomson den Cavendish Lehrstuhl für Experimentalphysik bekam. In der Erforschung der Kathodenstrahlen setzte sich Thomson von Anfang an das Ziel zu beweisen, dass diese als eine aus bewegten Teilchen bestehende Strahlung anzusehen sind. Dies im Gegensatz zu Hertz, der eine Wellennatur annahm. Ein wichtiges Instrument dafür war für Thomson die von ihm konstruierte Röhre, mit der man die elektrostatische und magnetische Ablenkung von Kathodenstrahlen zugleich messtechnisch erfassen konnte. Mit drei im Jahre 1897 publizierten Arbeiten konnte Thomson beweisen, dass die Masse der Teilchen, aus denen die Kathodenstrahlen bestehen, tausendfach kleiner waren als die der üblichen Ionen. Diese Teilchen waren also wesentlich kleiner als Atome anzusehen. Der Grundbaustein der Elektrizität, das Elektron, war damit gefunden.

Joseph John Thomson und Philipp Lenard erhielten im Jahre 1905 für ihre Arbeiten zu den Kathodenstrahlen den Nobelpreis für Physik.

Crookes, Puluj, Lenard, J.J. Thomson (2), Lorentz, Richardson

Berechnung von Wechselstromschaltungen

Charles Proteus Steinmetz: Theory and Calculation of Alternating Current Phenomena, New York 1897

Charles Proteus Steinmetz wurde im Jahre 1865 in Breslau (heute Wroclaw, Polen) als Karl Rudolph Steinmetz, Sohn deutscher Eltern, geboren. Er war von Geburt an, wie auch sein Vater, kleinwüchsig. Er studierte in Breslau Mathematik. Seine bereits fertige rein mathematische Dissertation konnte er nicht einreichen, da er aus politischen Gründen im Jahre 1888 aus Breslau flüchten musste. Über Zürich emigrierte Steinmetz im Jahre 1889 nach den USA, wo er als technischer Zeichner bei der Firma Eichermeier in New York Arbeit fand. Später fand Steinmetz bei General Electric eine Lebensstellung und wurde auch Professor für Electrical Engineering am dortigen College. Die Entwicklung von mathematischen Methoden zur Berechnung von Wechselstrom-Systemen gehört zu den wichtigsten wissenschaftlichen Leistungen von Steinmetz. Bereits an der Weltausstellung in Chicago im Jahre 1893 hatte Steinmetz in einem Vortrag über die Anwendung der komplexen Zahlen in der Elektrotechnik referiert. Im gleichen Jahr erschien auch eine umfangreiche Artikelserie in der „Elektrotechnischen Zeitschrift“ in Deutschland. Das hier vorliegende Werk stellt die dazugehörige englische Ausgabe dar. Steinmetz gehört zu den bedeutendsten Elektrotechnikern der USA. Sein plötzlicher Tod im Jahre 1923 an Herzversagen kam ganz unerwartet.

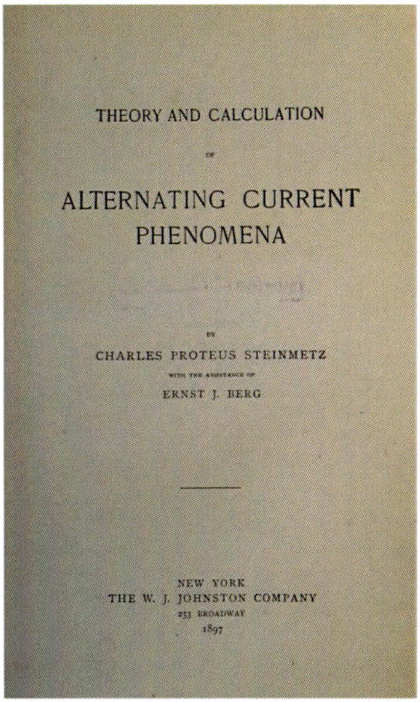
THEORY AND CALCULATION
OF
ALTERNATING CURRENT
PHENOMENA
BY
CHARLES PROTEUS STEINMETZ
WITH THE ASSISTANCE OF
ERNST J. BERG
NEW YORK
THE W. J. JOHNSTON COMPANY
253 BROADWAY
1897

Steinmetz: Eigenschaften der Wechselströme

Dr. Ing. Alfred Fraenkel: Theorie der Wechselströme. Berlin 1914
Dr. G. Roessler: Die Fernleitung von Wechselströmen. Berlin 1905

Das Buch von Fraenkel geht auf die in der Zwischenzeit für die Wechselstromtechnik neu erhaltenen Resultate, die mit graphischen und analytischen Methoden erreicht wurden, ein. Im Besonderen werden die nichtstationären Vorgänge im Hinblick auf Überströme und Überspannungen behandelt. 341 Seiten, 198 Textfiguren.

Dr. G. Roessler, Professor an der Kgl. Technischen Hochschule in Dresden, bekannt durch zahlreiche Werke zur Elektrotechnik, da besonders zur Wechselstromtechnik, benutzt in diesem Werk die von Steinmetz eingeführte symbolische Methode der Wechselstromrechnung, wobei auch die von der Telephontechnik von Pupin und Breisig dafür eingeführten Methoden der Berechnung der Fortpflanzung von sinusförmigen Strömen, angewandt werden.

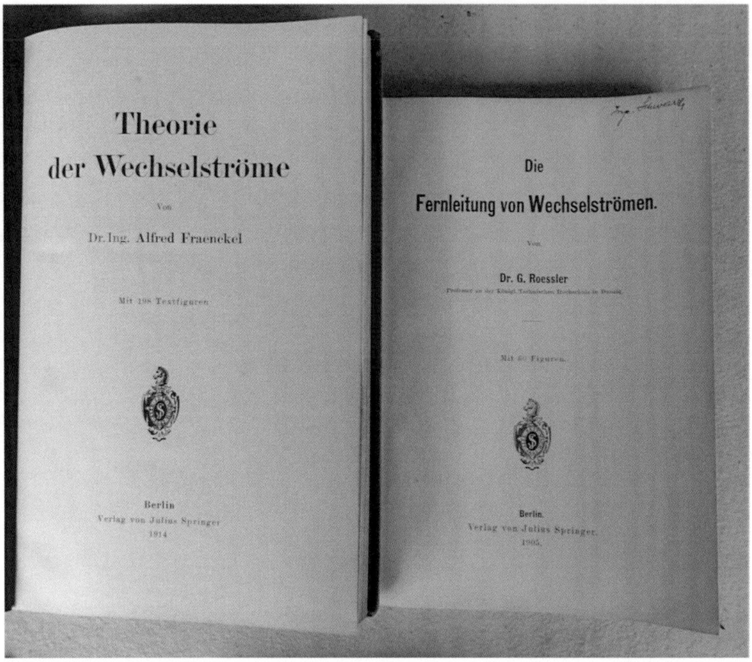

Fraenkel, Rössler, Titel

Erzeugung von Wechselströmen hoher Frequenz

Thomas Commerford Martin: Nikola Tesla´s Untersuchungen über Mehrphasenströme, Halle a.S. 1895
Ettienne de Fodor: Experimente mit Strömen hoher Wechselzahl und Frequenz. Wien, Pest, Leipzig ca. 1895
Nikola Tesla: Experiments with Alternate Currents of High Potential and High Frequency. McGraw Publishing Company, New York 1904

Nikola Tesla wurde im Jahre 1856 in Smiljan (heute Kroatien) als Sohn einer serbischen Familie (sein Vater war ein serbisch-orthodoxer Priester) geboren. Er besuchte ab 1870 das Gymnasium in Gospic und kam 1875 mit einem Stipendium der österreichischen Militärbehörde in Agram an die Technische Hochschule Graz um dort Maschinenbau zu studieren. Obwohl er ein sehr guter Student war musste er das Studium nach dem zweiten Studienjahr abbrechen, da er sein Studiengeld nicht bezahlen konnte. Sein weiterer Weg führte über Prag, Budapest und Strassburg nach den USA wo er ab 1884 bei der Edison Company kurzzeitig eine Beschäftigung fand. Im Gegensatz zu Edison war Tesla nicht an der elektrischen Gleichstromtechnik sondern an der

Wechselstromtechnik interessiert. Seine zu diesem Gebiet erhaltenen Patente konnte er 1888 erfolgreich an die Firma Westinghouse verkaufen.

Ab 1889 befasste sich Tesla hauptsächlich mit Themen der Erzeugung und Anwendung von Wechselströmen hoher elektrischer Spannung und hoher Frequenz. Tesla hielt zu diesem Thema erfolgreich Vorträge und führte im Rahmen der Forschung praktische Versuche dazu durch. Besonders sind davon die Experimente, die Tesla in Colorado Springs ab 1899 durchführte, zu erwähnen. Die daran ab 1901 anschließenden Arbeiten in New York (Bau des Wardenclyffe Towers in Long Island) mussten 1904 wegen Geldmangel erfolglos abgebrochen werden.

Die hier vorgestellten drei Werke von Martin, de Fodor und von Tesla selbst, behandeln die Arbeiten Tesla´s ab dem Jahre 1889 bis zur Zeit des Baues des „Radio Turmes“, dem Wardenclyffe Tower, in Long Island.

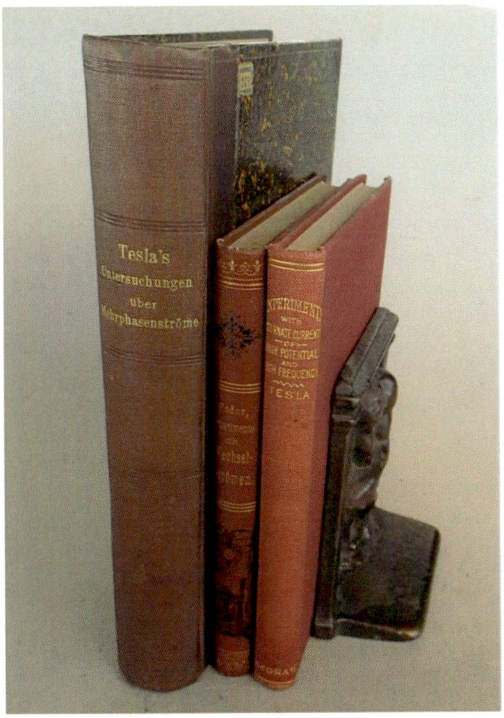

Martin, de Fodor, Tesla

Allgemeine Werke zur Elektrizität

Gaston Planté: Die Elektrischen Erscheinungen der Atmosphäre, Halle a.S. 1889
Dr. Albert Gockel: Die Luftelektrizizät. Leipzig 1908
Victor F. Heß: Die elektrische Leitfähigkeit der Atmosphäre und ihre Ursachen. Braunschweig 1926

Die Elektrizität hatte neben dem Gebiet der Physik auch das Interesse anderer wissenschaftlichen Disziplinen. In den hier gezeigten fünf Werken geht es bei Rosenthal und Bernhardt um die Kenntnisse die Mediziner im Gebiet der Elektrizität haben sollten und um Methoden der Elektrotherapie. Plante, Gockel und Heß untersuchen die elektrischen Erscheinungen in der Atmosphäre.

Planté, Gockel, Heß,

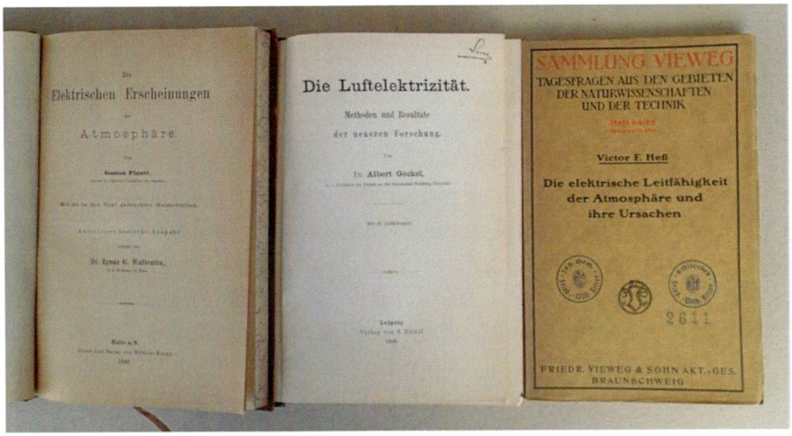

Planté, Gockel, Heß, Titelseiten

Dr. J. Rosenthal und Dr. M. Bernhardt: Elektrizitätslehre für Mediziner und Elektrotherapie. Berlin 1884

Das in erweiterter in dritter Auflage erschienen Werk behandelt im ersten Teil auf den Seiten 1- 202 die Grundlagen der Elektrizität, wobei den verschiedenen Arten der Stromerzeugung besondere Beachtung geschenkt wird. Im zweiten Teil, Seite 203- 466 ist die Elektrodiagnostik und die Elektrotherapie, wobei für letztere auch spezielle Therapien besprochen werden, das Hauptthema. Die 105 in den Text gedruckten Holzschnitte unterstützen die Brauchbarkeit des Werkes für den praktisch tätigen Mediziner.

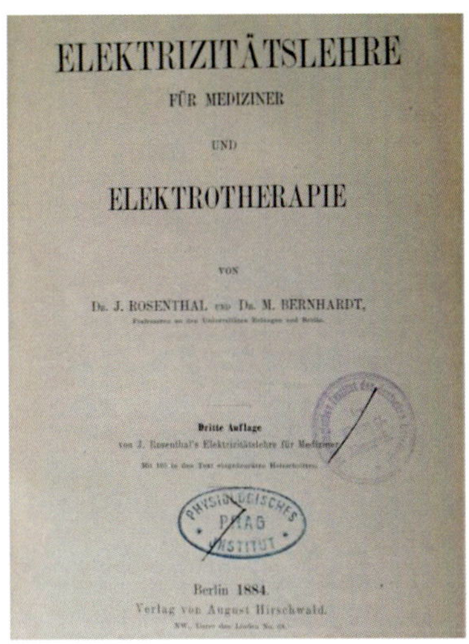

Rosenthals und Bernhardt

Bruno Kolbe: Einführung in die Elektrizitätslehre
Teil I. Statische Elektrizität. Berlin 1904
Teil II Dynamische Elektrizität. Berlin 1905

Bruno Kolbe, Oberlehrer der Physik an der St. Annen-Schule in St. Petersburg, Russland, behandelt in Teil I auf 164 Seiten in sechs Vorträgen das gesamte Gebiet der Elektrostatik, wobei genau auf die Lehrmittel und die damit angestellten Versuche eingegangen wird. In Teil II, Seiten 1- 410, mit dem Titel „Dynamische Elektrizität“ , wird in gleicher Weise vorgegangen. Die sechs Vorträge überstreichen alle elektrischen Erscheinungen und Anwendungen in denen der elektrische Strom eine Hauptrolle hat. Die zahlreichen Abbildungen zeigen die bei den versuchen eingesetzten Geräte. Das Buch ist wohl zur Unterstützung zu den Versuchen im Rahmen der Physikausbildung an Ober-Gymnasien verfasst worden.

Werke zur Elektrotechnik 1850- 1920

Die in den Jahren von 1850 bis 1870 entstandenen elektrotechnischen Werke werden in dieser Schrift ausgeklammert. Diese befassen sich hauptsächlich mit der „Schwachstromtechnik“ (Telegraphie) oder mit Problemen der Galvanotechnik oder der Lichttechnik. Für die Entwicklung der Starkstromtechnik brachte die Erfindung von Siemens und Wheatstone im Jahre 1867 der Stromerzeugung durch magnetische Selbsterregung bei Generatoren und die zusammen damit gegebene Möglichkeit zum Bau von Motoren von größerem Wirkungsgrad den entscheidende Fortschritt. Erst ab diesem Zeitpunkt war es möglich auf effektive Weise mechanische Leistung in elektrische Leistung umzusetzen. Es dauerte aber noch einige Jahre, bis zur Elektrotechnik entscheidende Buchwerke und Zeitschriften erschienen. Zum internationalen Austausch der elektrotechnischen Errungenschaften wurden große Ausstellungen veranstaltet. Die zugehörigen Bücher, Kataloge und Berichte vermitteln ein gutes Bild für die Entwicklung der Elektrotechnik dieser Zeit.

Internationale Elektrizitätsausstellung in Paris 1881

E. Hospitalier: De L´Electricité.. Paris 1882

Das vorliegende populäre Werk von E. Hospitalier behandelt vor allem elektrischen Geräte und Instrumente, die Gegenstand der Internationalen Elektrizitäts-Ausstellung in Paris 1881 waren. Die 130 in den Text eingebauten Figuren stellen ausgezeichnete Holzschnitte dar. Die weiter dazugegebenen vier Tafeln geben ein Bild der Ausstellung ab.

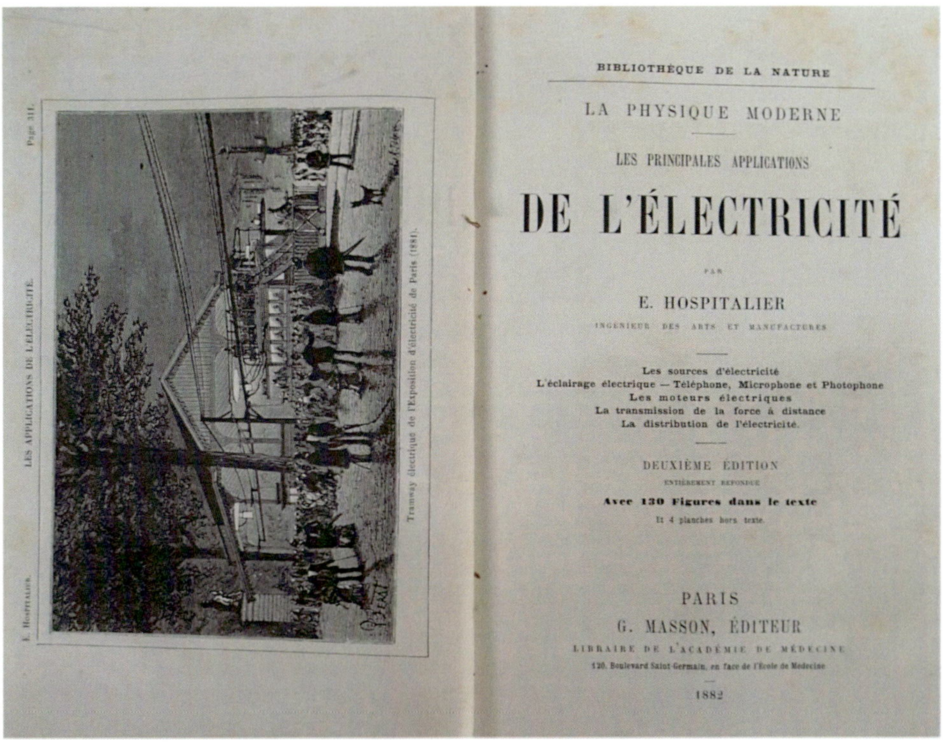
BIBLIOTHÈQUE DE LA NATURE

LA PHYSIQUE MODERNE

LES PRINCIPALES APPLICATIONS

DE L'ÉLECTRICITÉ

PAR

E. HOSPITALIER

INGÉNIEUR DES ARTS ET MANUFACTURES

Les sources d'électricité
L'éclairage électrique — Téléphone, Microphone et Photophone
Les moteurs électriques
La transmission de la force à distance
La distribution de l'électricité.

DEUXIÈME ÉDITION

ENTIÈREMENT REFONDUE

Avec 130 Figures dans le texte

Et 4 planches hors texte.

PARIS

G. MASSON, ÉDITEUR

LIBRAIRE DE L'ACADÉMIE DE MÉDECINE

120, Boulevard Saint-Germain, en face de l'École de Médecine

1882

Hospitalier, ein populäres Buch zur Pariser Weltausstellung 1881

Ausstellungshalle

Großer Edison Dynamo

Elektrischer Antrieb von Maschinen

Elektrischer Pflug

Internationale Elektrische Ausstellung in Wien 1883

Josef Krämer und Dr. Ernst Lecher (Red.): Internationale Elektrotechnische Zeitschrift und Bericht über die Elektrische Ausstellung in Wien 1883. Wien, Pest.Leipzig 1883

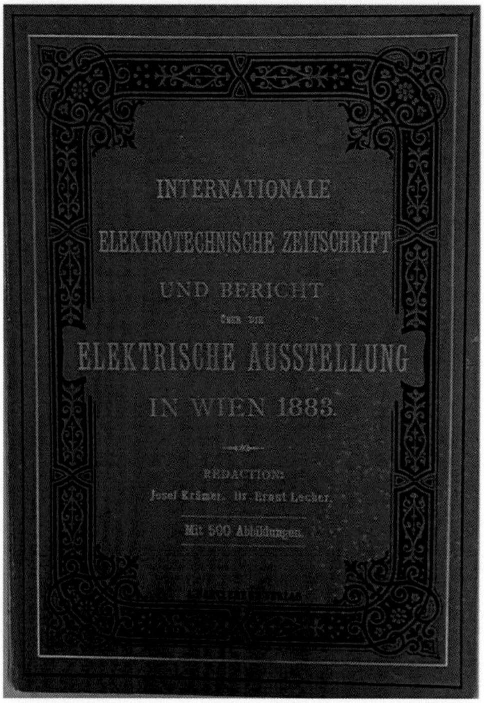

Katalog der Internationalen Elektrischen Ausstellung in Wien 1883

Illustrierter Führer durch die Internationale Elektrische Ausstellung in Wien 1883. Wien 1883

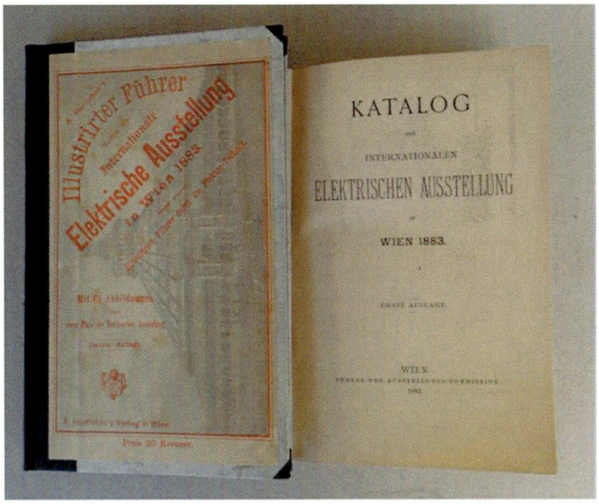

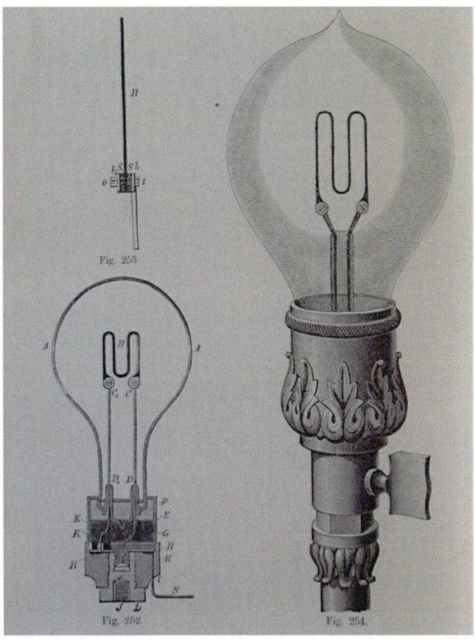

Dipl.Ing. Franz Klein (Red.): Bericht über die Internationale Elektrische Ausstellung Wien 1883. Wien 1885

Gramme Maschine

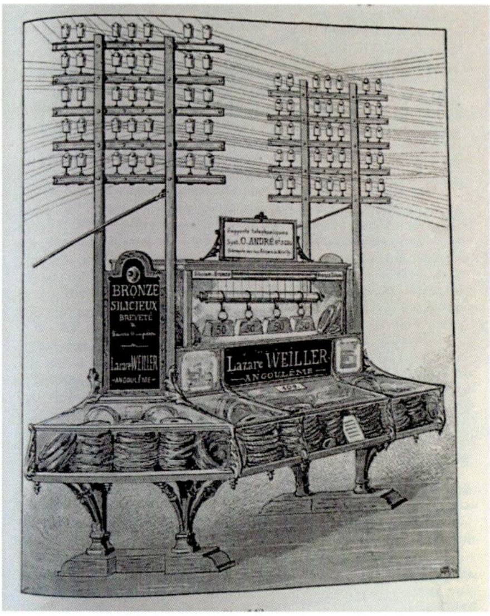

Reklame für Bronze-Drähte

Antrieb eines Dynamos mittels einer Dampfmaschine

Die Internationale Elektrische Ausstellung des Jahres 1883 in Wien gehörte zu den großen Ereignissen um den Stand der Elektrizität und den der damit erhaltenen elektrotechnischen Produkte international austauschen zu können.

Die dazu vorliegende Sammlung von vier Werken gibt einen best möglichen Einblick zu dieser Ausstellung.

Berichte zu den Ausstellungen in Frankfurt (1891) und Chicago (1893)

Bericht über die Verhandlungen des Internationalen Elektrotechniker-Congresses, Frankfurt am Main 1891, Verlag von Johannes Alt 1892

Der Bericht enthält die Vorträge (mit Diskussion), gehalten von prominenten Vertretern ihres Faches der einzelnen Sektionen. Dies sind die

I,.Sektion. Theorie und Messkunde (12 Vorträge)
II. Sektion. Starkstromtechnik (12 Vorträge)
III.Sektion. Signalwesen,Telegraphie,Telephonie (9 Vorträge)
IV. Sektion. Elektrochemie und besondere Anwendungen des elektrischen Stromes (8 Vorträge)
V. Sektion. Für elektrotechnische Gesetzgebung

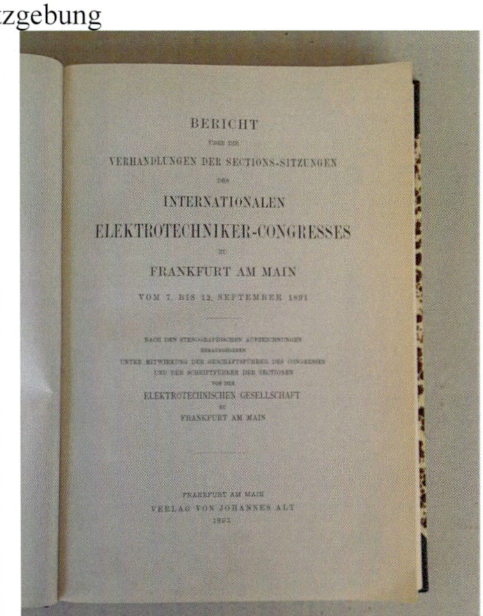

Bericht zur Ausstellung in Frankfurt 1891

Dr. Johann Sahulka: Die Elektrotechnik auf der Weltausstellung in Chicago 1893. Wien 1895

Es handelt sich um den offiziellen Bericht der K.K. Österr. Central-Commission für die Weltausstellung in Chicago 1893 erstellt von Dr. Johann Sahulka, Dozent an der K.K. Technischen Hochschule in Wien. In 18 Abschnitten werden darin verschiedene elektrotechnische Themen angesprochen und bemerkenswerte Ausstellungsobjekte besprochen. Sieben Tafeln mit Bildern ausgezeichneter Qualität zeigen einzelne Geräte und Apparate. Als Beispiele seien angeführt: Abschnitt II behandelt das Kraftwerk (Zentrale) der Firma Westinghouse das in der Ausstellung 188.000 Glühlampen speisen konnte, Abschnitt XV ist den Experimenten mit Tesla´schen Strömen gewidmet. Abschnitt XVII handelt von der automatischen Telephon-Anlage von Strowger.

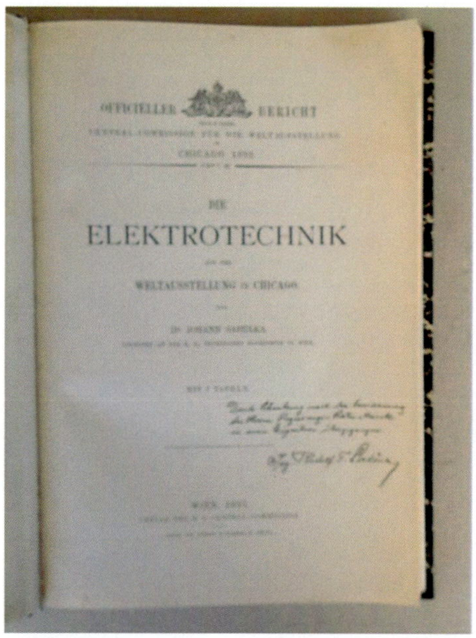

Bericht von Dr. Sahulka zur Ausstellung in Chicago 1893

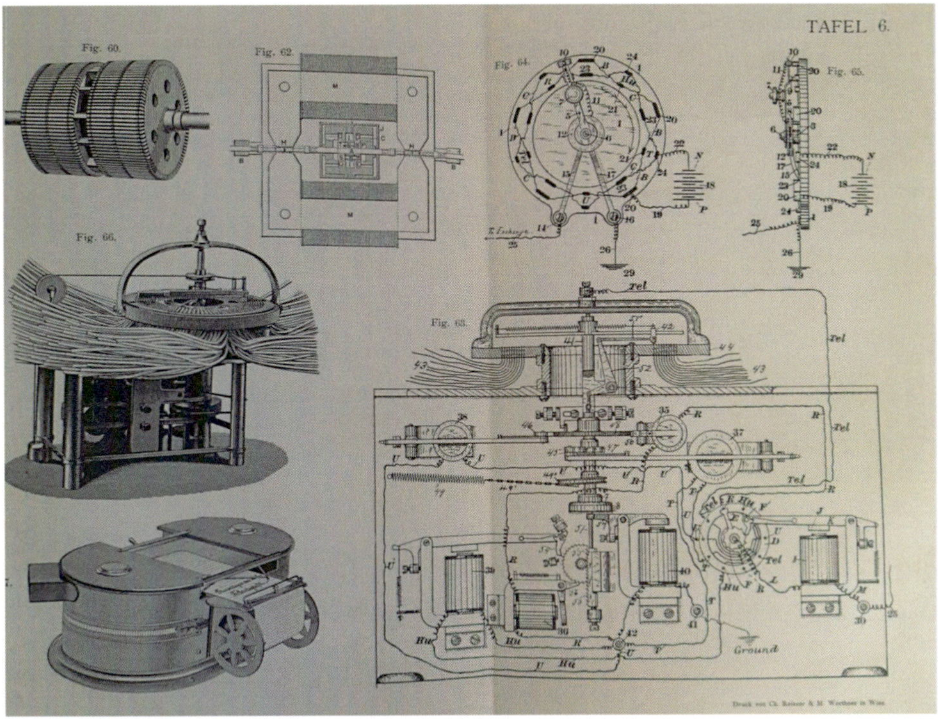

Tafel 6 des Berichtes zeigt den Wähler der Vermittlung von Strowger

Wichtige Werke zur Elektrotechnik der ersten Jahre

Werner Siemens: Wissenschaftliche und Technische Arbeiten.
Zweiter Band. Technische Arbeiten. Berlin 1889

Die Beiträge von Werner von Siemens zu technischen Anwendungen beginnen bereits im Jahre 1842 mit der Einreichung eines Patentes zur Vergoldung mittels eines galvanischen Stromes. Im Laufe seines ganzen Lebens hat Siemens erfolgreich an der Entwicklung der Elektrotechnik beigetragen. Als 81. und letzte Arbeit führt er am Ende seines Lebens eine neue Messeinrichtung für elektrische Energie an. Es ist hier nicht der Platz um im Einzelnen die vielen technischen Arbeiten zu erwähnen. Um jedoch eine Idee dafür zu bekommen, sollen dennoch ein paar wichtige weitere Beispiele dem Titel nach hier angeführt werden.

(1853) Das automatische Telegraphensystem für den russischen Staatstelegraphen
(1856) Patentgesuch auf einen neuen magneto-elektrischen Zeigertelegraphen- Erste Anwendung des Doppel-T-Ankers (Siemens armature)
(1859) Die Sinus-Tangenten-Boussole von Siemens & Halske
(1867) Großer dynamo-elektrischer Apparat von Siemens & Halske

(1868) Das Universal-Galvanometer
(1880) Die dynamo-elektrische Maschine

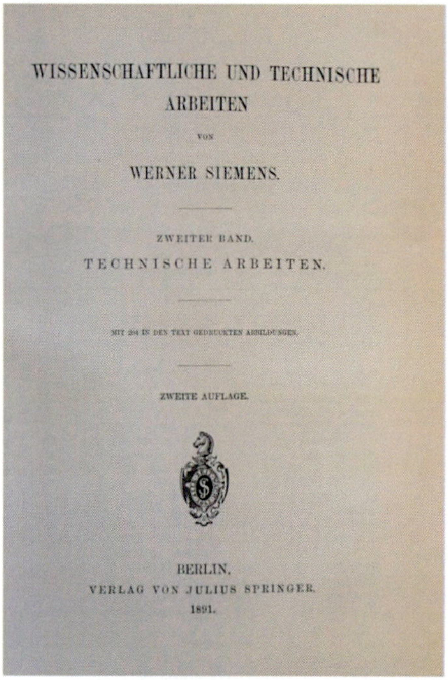

WISSENSCHAFTLICHE UND TECHNISCHE
ARBEITEN
VON
WERNER SIEMENS.

ZWEITER BAND.
TECHNISCHE ARBEITEN.

MIT 204 IN DEN TEXT GEDRUCKTEN ABBILDUNGEN.

ZWEITE AUFLAGE.

BERLIN.
VERLAG VON JULIUS SPRINGER.
1891.

Siemens Titelseite

Universal-Galvanomter

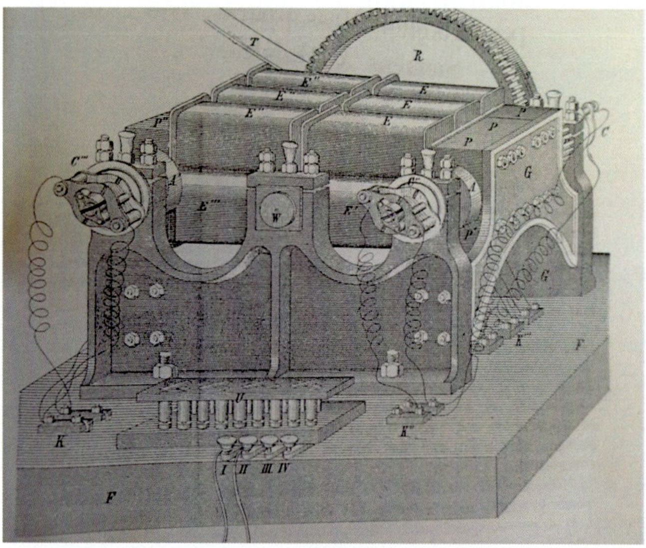

Großer dynamo-elektrischer Apparat

Dr. O. Frölich: Die dynamoelektrische Maschine. Berlin 1886s
Gisbert Kapp: Dynamomaschinen für Gleich- und Wechselstrom. Berlin 1904
Gisbert Kapp: Transformatoren für Wechselstrom und Drehstrom. Berlin 1907
Gisbert Kapp: Elektrische Kraftübertragung. Berlin-München
Josef Krämer: Der Drehstrom. Seine Erzeugung und Anwendung in der Praxis. Jena 1896
Alex Bernstein: Die Electrische Beleuchtung. Berlin 1880

Zusammen mit den Ausstellungen und der Produktion elektrotechnischer Geräte, wie Dynamomaschinen und Motore und Einrichtungen in denen diese angewendet wurden, wie Elektrizitätswerke oder Lokomobile für den mobilen Einsatz, erschienen ab dem Jahre 1880 eine Reihe von wichtigen Fachbüchern zur Vermittlung der neuen elektrotechnischen Kenntnisse an Hochschullehrer, Studierende und für die Konstrukteure in den verschiedenen Firmen. Es wurde damit allgemein erkannt und betont, dass für den Bau von Dynamos und Motore neben dem Maschinenbau auch die Kenntnis der Elektrotechnik erforderlich war. Zu den hier gezeigten Büchern merken wir Folgendes an:

Dr. Otto Frölich gehörte zur Firma Siemens & Halske in Berlin. Bekannt ist seine Konstruktion des Torsions-Galvanometer (1879) mit dem genaue Messungen der elektrischen Spannung und des elektrischen Stromes vorgenommen werden konnte. Sein Buch über elektrodynamische Maschinen gehört zu den ersten Publikationen in denen die theoretischen Grundlagen für den Bau von Dynamos behandelt werden.

Gisbert Kapp, geboren 1852 in Mauer bei Wien, studierte am Polytechnikum Zürich Maschinenbau. 1875 ging Kapp als Ingenieur nach England. Nach dem Besuch der Weltausstellung in Paris 1881 entschied Knapp sich künftig der Elektrotechnik zu widmen. Als Direktor der Firma Crompton & Co hatte er Gelegenheit in der Zusammenarbeit mit den Brüdern Edward und John Hopkinson und es gelang ihm die Erfindung einer speziellen Bauform für einen Dynamo. Zurück in Deutschland ab 1894 habilitierte sich Kapp an der Technischen Hochschule Berlin-Charlottenburg. 1905 wurde Kapp als Professor für Elektrotechnik an die Universität von Birmingham berufen. Er verstarb im Jahre 1922 in Birmingham. Die hier enthaltenen drei Bücher von Kapp gehören zu seinen Hauptwerken.

Das Buch von Alex Bernstein ist ausschließlich der Erzeugung des elektrischen Lichtes mittels Bogenlampen gewidmet. Die Lichterzeugung mittels Bogenlampen, obwohl hoch entwickelt, wurde ab 1880 von dem von Edison, Swan und anderen erfundenen elektrischen Licht mittels Glühlampen abgelöst.

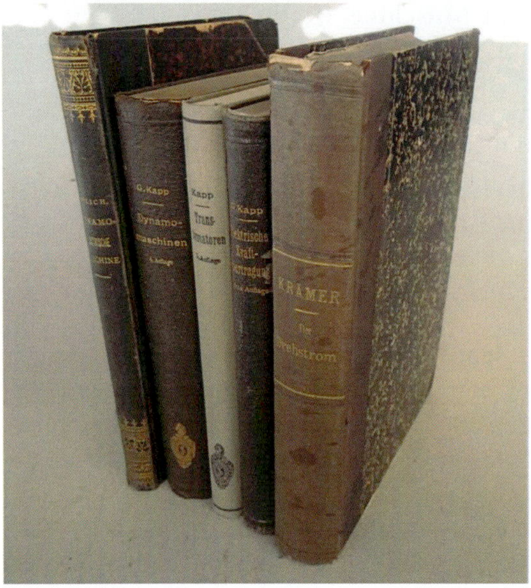

Frölich, Kapp (3),Krämer

Bernstein

Weitere Werke zur Elektrotechnik des 19. Jahrhunderts

Dr. H. Schellen: Die magnet-und dynamo-elektrischen Maschinen, Köln 1884
Dr. L. Graetz: Die Elektricität und ihre Anwendungen. Stuttgart 1883
Dr.. Urbanitzky:Abhandlungen. Sammlung von Aufsätzen, Wien 1876-1883

Prof. Wilhelm Biscan: Die Bogenlampe, Leipzig 1893

Ferdinand Neureiter: Die Vertheilung der Elektrischen Energie in Beleuchtungsanlagen. Leipzig 1894

Karl Exler: Grundzüge der Elektrotechnik. Wien 1895

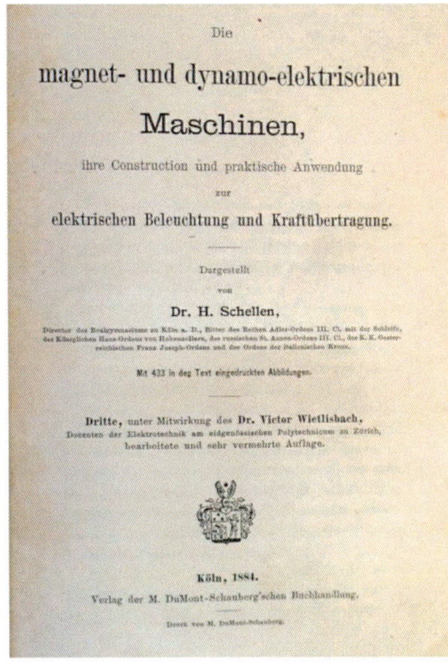

Die

magnet- und dynamo-elektrischen

Maschinen,

ihre Construction und praktische Anwendung

zur

elektrischen Beleuchtung und Kraftübertragung.

Dargestellt

von

Dr. H. Schellen,

Director des Realgymnasiums zu Köln a. R., Ritter des Rothen Adler-Ordens III. Cl. mit der Schleife, des Königlichen Haus-Ordens von Hohenzollern, des russischen St. Annen-Ordens III. Cl., des K. K. Oesterreichischen Franz Joseph-Ordens und des Ordens der Italienischen Krone.

Mit 433 in den Text eingedruckten Abbildungen.

Dritte, unter Mitwirkung des Dr. Victor Wietlisbach, Docenten der Elektrotechnik am eidgenössischen Polytechnicum zu Zürich, bearbeitete und sehr vermehrte Auflage.

Köln, 1884.

Verlag der M. DuMont-Schauberg'schen Buchhandlung.

Druck von M. DuMont-Schauberg.

Schellen, Graetz, Urbanitzky, Biscan, Neureiter, Exler

Dynamomaschine von Siemens & Halske (aus Schellen)

Große Dynamomaschine von Edison (aus Schellen)

Technische Entwicklung der Elektrochemie

Henry S. Carhart: Die Primärelemente. Halle a.S. 1895
Johannes Zacharias: Die Akkumulatoren zur Aufspeicherung des elektrischen Stromes. Jena 1901
Svante Arrhenius: Lehrbuch der Elektrochemie. Leipzig 1901
Wilh. Pfannhauser: Electroplattierung, Galvanoplastik, Metallpolierung. Wien 1900

Zacharias,Carhart,Arrhenius, Pfannhauser

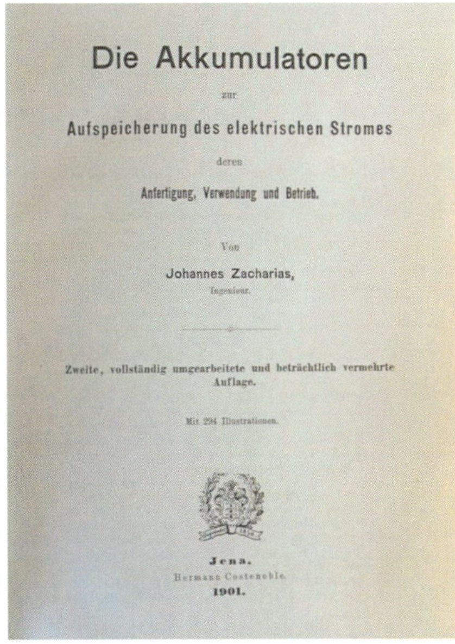

Die Akkumulatoren

zur

Aufspeicherung des elektrischen Stromes

deren

Anfertigung, Verwendung und Betrieb.

Von

Johannes Zacharias,

Ingenieur.

Zweite, vollständig umgearbeitete und beträchtlich vermehrte Auflage.

Mit 294 Illustrationen.

Jena.

Hermann Costenoble.

1901.

Zacharias 1901

Bücher zur Elektrotechnik erschienen 1900- 1920

Silvanus P. Thompson: Die Dynamoelektrischen Maschinen
1. Teil und 2. Teil. Halle a. S. 1900,1901
Galileo Ferraris: Wissenschaftliche Grundlagen der Elektrotechnik.
Leipzig 1901
J.L. La Cour: Leerlauf-und Kurzschluss-Versuch in Theorie und Praxis.
Braunschweig 1904
H.M. Hobart: Der Entwurf der Gleichstrommaschine. Mittweida 1908
Rudolf Krause: Anlasser und Regler für elektrische Motoren
und Generatoren. Berlin 1909
R. Ziegenberg: Der Elektrizitätszähler. Berlin 1912
Prof. Dr. Gustav Benischke: Die wissenschaftlichen Grundlagen
der Elektrotechnik. Berlin 1914

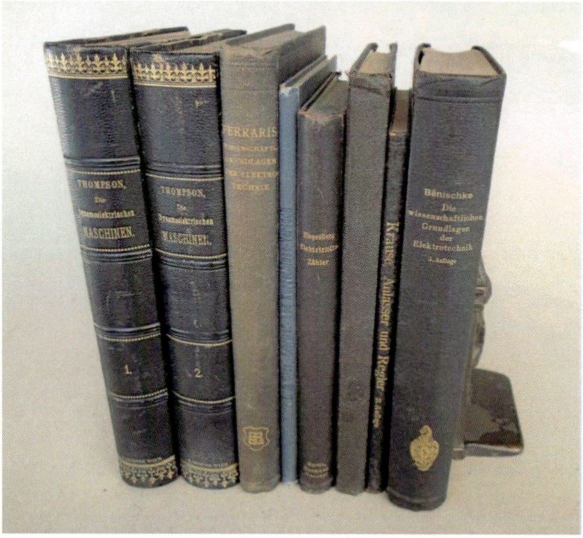

Thompson, Ferraris, La Cour, Hobart, Ziegenberg, Krause, Benischke

Werke von Charles Proteus Steinmetz zur Elektrotechnik

Ch.P. Steinmetz: **Theory and Calculation of Transient Electric Phenomena and Oscillations. New York 1909**
Ch.P. Steinmetz: **Radiation, Light and Illumination. New York 1910**
Ch.P. Steinmetz: **Elementary Lectures on Electric Discharges, Waves and Impulses. New York 1911**
Ch.P. Steinmetz: **Theory and Calculation of Electric Circuits. New York 1917**
Ch.P. Steinmetz: **Theoretische Grundlagen der Starkstromtechnik (übersetzt von J. Hefty). Braunschweig 1903**

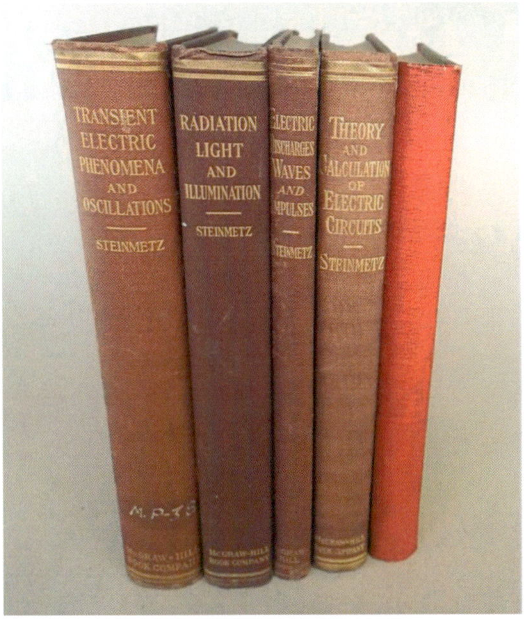

Steinmetz (5)

Populäre Werke zur Elektrizität und Elektrotechnik

Neben den Monographien und den Lehrbüchern zur Elektrotechnik der Jahre 1880 – 1920 bestand im Rahmen der Sammlung auch das Interesse allgemein verständliche Bücher, die den wissenschaftlichen Errungenschaften und den technischen neuen Geräten und Maschinen gewidmet sind, zur Verfügung zu haben. Der attraktive Einband und ein ansprechendes Bildmaterial trugen zu einer großen Akzeptanz dieser Werke bei.

Dr. Alfred Ritter von Urbanitzky: Die Elektricität im Dienste der Menschheit, Wien 1885
Dr. Alfred Ritter von Urbanitzky: Die Elektricität des Himmels und der Erde, Wien 1888

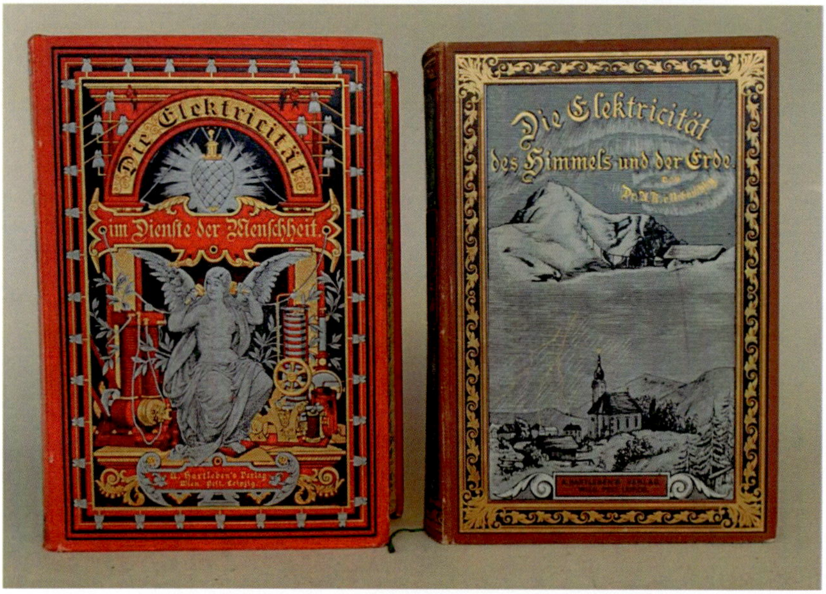

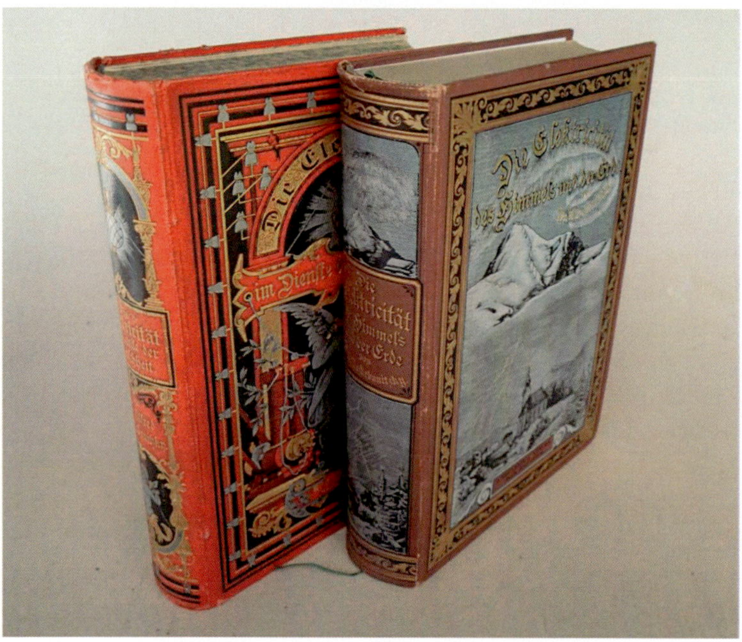

Ritter von Urbanitzky (2)

W. Beck: Die Elektrizität und ihre Technik. Leipzig 1900
W. Beck: Zerlegbare Modelle zur Elektrizität. Leipzig 1900

Th. Schwartze: Licht und Kraft. Stuttgart,Berlin,Leipzig 1900
Theodor Rulemann: Die Wunder der Elektrizität. Berlin ca 1913

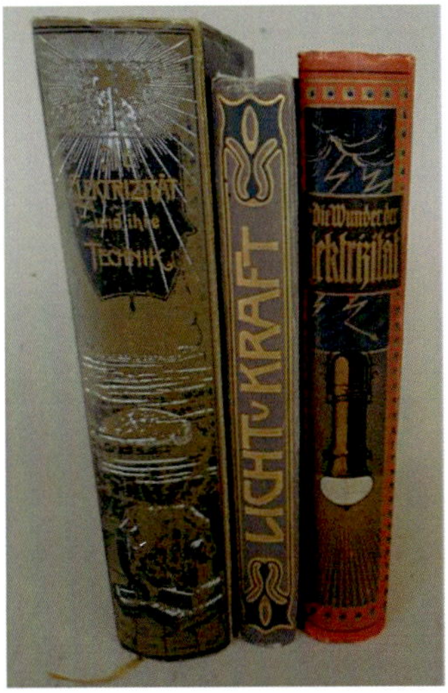

Beck, Schwartze, Rulemann

Fr. Liebetanz: Die Elektrotechnik aus der Praxis für die Praxis.

Düsseldorf 1902
L. Poincaré: Die Elektrizität. Leipzig 1909

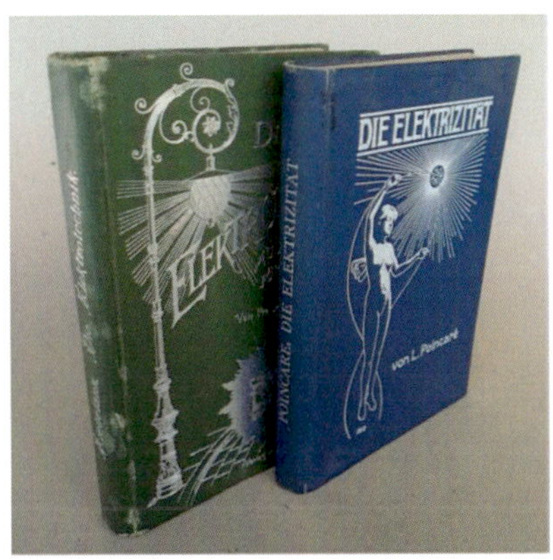

Liebetanz, Poincare

Eberhard Schnetzler: Elektrotechnisches Experimentierbuch. Stuttgart 1909
Prof Dr. L. Graetz: Kurzer Abriß der Elektrizität. Stuttgart 1906

W. Beck: I. Anhang zu “Die Elektrizität und ihre Technik”. Leipzig 1904
W. Beck: II. Anhang zu “Die Elektrizität und ihre Technik” Leipzig 1911

Beck: Anhänge

Th. Schwartze, E. Japing und A. Wilke: Die Elektrizität. Wien 1884,1892
Dr. Alfred Ritter von Urbanitzky: Die Elektrizität. Wien 1896

Siemens&Halske A.G.: Die Electricität in der Textilindustrie. Wien ca 1900
Siemens&Halske A,G.:Die Elektrizität in der Landwirthschaft. Berlin 1901

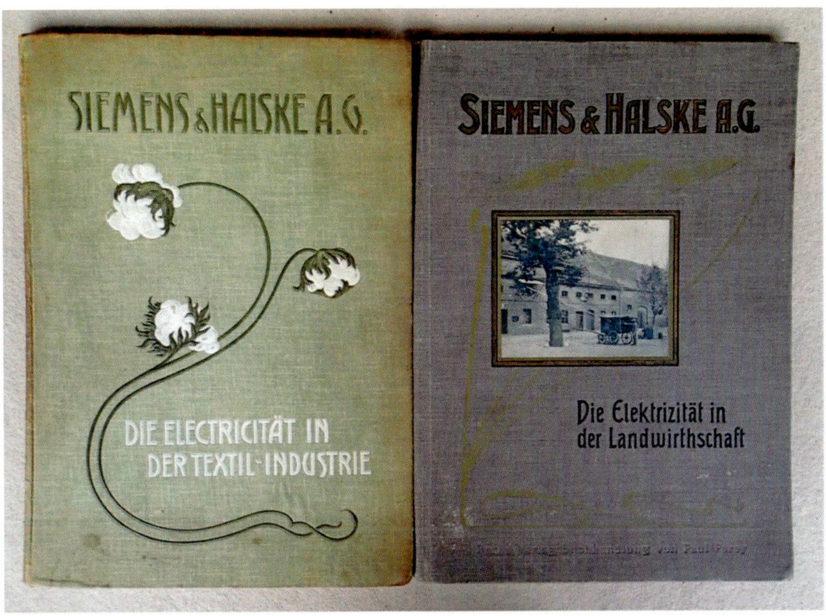

Elektro-Technische Bibliothek des Verlages Hartleben, Wien

Dem Verlag Hartleben in Wien gebührt großes Lob für die Herausgabe der Elektro-Technischen Bibliothek in der von namhaften Autoren wichtige Themen der Elektrotechnik in weitgehend allgemein verständlicher Weise behandelt wurden. Für Liebhaber schöner Bücher ist auch der einheitlich gestaltete Einband ein zusätzlicher Gewinn. Eine vollständige Sammlung davon zu haben, ist heute schwierig zu erreichen. Die Folgende Liste zeigt aber, dass eine große Sammlung davon, die wichtige Exemplare enthält, erreicht wurde.

I Glaser-De Cew: Die magnetolelektrischen und dynamolelektrischen Maschinen 1883
I Auerbach; Die Dynamoelektrischen Maschinen (Sechste Auflage) 1893
II Japing: Die elektrische Kraftübertragung und ihre Anwendung 1885
III von Urbanitzky: Das Elektrische Licht
IV Hauck: Die Galvanischen Batterien, Accumulatoren und Thermosäulen 1890
V Sack: Die Verkehrs-Telegraphie 1883
VI Schwartze: Telephon, Mikrophon und Radiophon 1892
XI von Urbanitzky: Die elektrischen Beleuchtungsanlagen 1883
XIV Canter: Die Haus- und Hotel-Telegraphie 1889
XV Wächter: Die Anwendung der Electricität für militärische Zwecke 1883
XVI Zacharias: Die elektrischen Leitungen und ihre Anlage für alle Zwecke der Praxis 1883
XIX Zenger: Die Spannungs-Electricität 1884
XXI Schwartze: Die Motoren der Elektrischen Maschinen
XXII Wallentin: Die Generatoren hochgespannter Electricität 1884
XXIII Tumlirz: Das Potential und seine Anwendung 1884
XXV Granfeld: Die Mehrfachtelegraphie auf einem Drahte
XXVI Jüllig: Die Kabeltelegraphie
XXVII de Fodor: Das Glühlicht sein Wesen und seine Erfordernisse
XXVIII Albrecht; Geschichte der Electricität 1885
XXIX von Urbanitzky:Blitz und Blitz-Schutzvorrichtungen 1886
XXX Schaschl: Die Galvanostegie 1886
XXXI Wietlisbach: Die Technik des Fernsprechwesens 1886
XXXII Krüss: Die elektro-technische Photometrie
XXXIII Neumayer: Die Laboratorien der Elektro-Technik 1887
XXXIV von Urbanitzky: Electricität im Alterthume 1887
XXXVI Gerland: Die Anwendung der Electricität bei registrierenden Apparaten 1887
XXXVIII Auerbach: Die Wirkungsgesetze der dynamo-elektrischen Maschinen
XLIII de Fodor: Die elektrischen Verbrauchsmesser 1891

XLVIII Peters: Angewandte Elektrochemie 1898
LII Stögermayr: Erklärung des Wesens und der Kraftäusserungen des elektr. Fluidiums II. Band 1899
LIII Peters: Elektrometallurgie und Galvanotechnik I. Band 1900
LIV Peters: Elektrometallurgie und Galvanotechnik II. Band 1900
LV Peters: Elektrometallurgie und Galvanotechnik III. Band 1900
LVI Peters: Elektrometallurgie und Galvanotechnik IV. Band 1900
LIX Zsakua: Wechselstromtechnik II. Band Mehrphasige Wechselströme...1904
LXII Die elektrische Bühnen- und Effektbeleuchtung 1904
LXV Praktisches Handbuch der Drahtlosen Telegraphie und Telephonie 1908

Zeitschriftenbände zu den ersten elektrotechnischen Anwendungen

Exposé des Applications de L´Électricite Tome I – V , Paris 1885

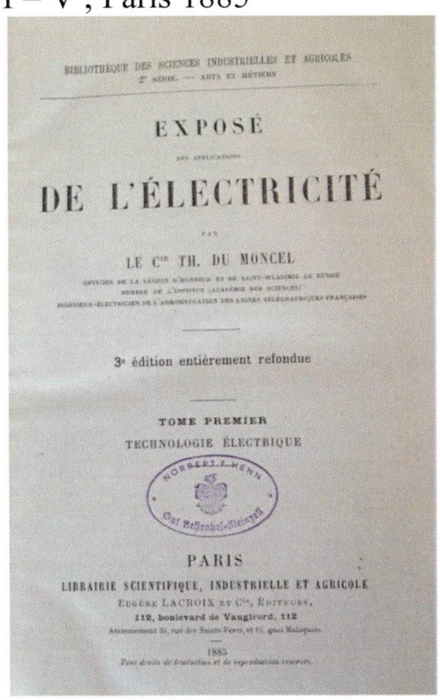

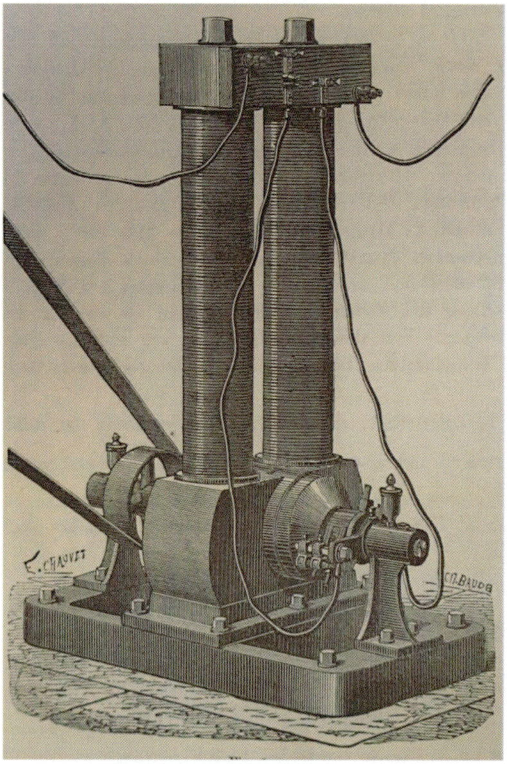

Edison-Dynamo

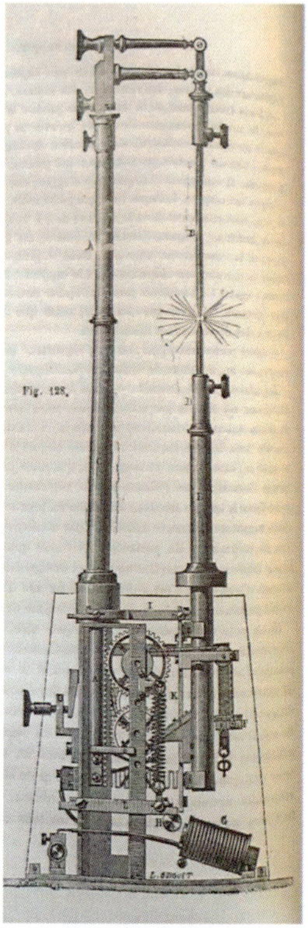

Bogenlampe

Funkeninduktor

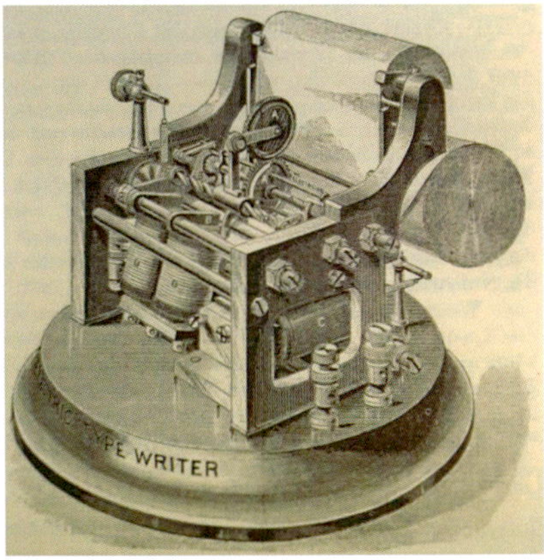

Börsendrucker von Higgins

Gramme Maschinbe

Populäre Darstellung der Elektrizität und Elektrotechnik mit wertvollem Bildmaterial.

Zeitschrift für Angewandte Elektrizitätslehre

Herausgegeben von Dr. Ph. Carl, München, Band I (1879) II (1880)
F. Uppenborn jun., München und Leipzig, Band III (1881), IV (1882)
weiter als „Centralblatt für Elektrotechnik“, Band V (1883 – Band XI (1889)

Dies ist die erste deutsche Fachzeitschrift für Elektrotechnik. Die Arbeiten geben einen Einblick in die Entwicklung der Elektrotechnik der ersten Jahre.

Teil 2:Telegraphie über Leitungen und Seekabel

Wichtige Werke zur Telegraphie über Leitungen und Seekabel 1850- 1920

Allgemeines

Die elektrische Telegraphie stellte die erste erfolgreiche praktische Anwendung der Elektrizität dar. Mit ihr wurde es auf einfache Weise möglich schriftliche Nachrichten über große Distanzen zu übermitteln.
Um 1850 gab es bereits in Europa und auch in den Vereinigten Staaten von Amerika ein gut ausgebautes Netz von Stationen, die über Land mit Leitungen miteinander verbunden waren. Ein weiterer Ausbau dieses Netzes wurde mit der Legung von Seekabeln über die Meere erreicht. Um das Jahr 1900 existierte damit bereits ein weltumspannendes Telegraphennetz.

Einführung

Eine der frühesten und wohl wichtigsten Anwendungen der Elektrizität ist mit der elektrischen Telegraphie gegeben. Der elektrische Strom dient dabei zur Bildung von Signalen zur Darstellung schriftlicher Zeichen. Ein Ziel der Schrift ist, die beim Verfasser bestehende Sammlung von zeitgenössischen Büchern zur elektrischen Telegraphie über Leitungen und über Kabel (über „Land und Meer") zu präsentieren. Dies in der Form, dass besonders wichtige Werke davon genauer behandelt werden und entsprechende Bilddokumente dazu gezeigt werden.

Im ersten Teil steht die Technik der Telegraphie nach Morse, die im
19. Jahrhundert bereits weltweit genutzt wurde im Vordergrund. Der zweite Teil ist den Unterseekabeln, die das Telegraphieren über die Meere möglich machten, gewidmet. Die Kabel durch den Atlantischen Ozean die 1858 bzw. 1866 zum erstmals gelegt wurden, stehen dabei im Vordergrund.

Heute ist die Telegraphie, wie diese in der Schrift behandelt wird, längst durch die Übertragung von Daten über Glasfaserkabel und über Nachrichten-Satelliten abgelöst. Wie die heute dafür vorherrschende digitale Technologie so war auch die in dieser Schrift behandelte Telegraphie digital. Nicht zuletzt verdankte sie diesem Umstand ihren seinzeitigen großen Erfolg.

Österreichischer Morse- Telegraph (aus Prescott 1881)

Hughes Telegraph (aus Canter 1892)

Dokumente zum ersten Einsatz des Telegraphen von Morse in den USA

Samuel Morse, ein „Historienmaler" aus New York und dort Mitglied der Kunstakademie interessierte sich für das Gebiet der Elektrizität und hatte im Jahre 1832 die Idee, einen elektrischen Telegraphen mittels des gerade durch die Arbeiten von Sturgeon (1825) und Henry (1831) bekannt gewordenen Elektromagneten zu konstruieren. Im Jahre 1837 hatte Morse die erste Form seines Telegraphen in funktionsfähigen Zustand fertig. Morse beteiligte sich damit an der Ausschreibung des Wettbewerbes des amerikanischen Senates zum Thema „Telegraphs for the United States" und bekam in der Folge die finanziellen Mittel um seine Versuche fortzusetzen. Bei seinem ersten Modell wurde noch nicht das später als „Morse Code" bekannt gewordene Signalalphabet verwendet. Morse sendete vielmehr eine Kombination der Zahlen von 0 bis 9 . Jede Zahl, deren Deutung als Text aus einem Code-Buch zu entnehmen war, wurde dabei durch eine entsprechende Anzahl von Impulsen dargestellt. Um ein präzises Geben der Impulse zu garantieren wurde von seinem Mitarbeiter Alfred Vail ein Gebe-Apparat konstruiert, der es erlaubte, die gewünschte Kombination auf einem Schlitten zusammenzusetzen, ähnlich wie beim Setzen von Drucklettern, womit eine mechanisch exakte Sendung der elektrischen Impulse möglich wurde.

Im Jahre 1844 waren die Arbeiten von Morse und seinen Mitarbeitern so weit fortgeschritten, dass in diesem Jahr die erste Versuchslinie von Washington nach Baltimore mit Erfolg in Betrieb genommen werden konnte. Die elektrische Telegraphie nach dem Morse-System wurde innerhalb von 50 Jahren in den Vereinigten Staaten von Amerika und auch in Europa zu einem unentbehrlichen Nachrichtenmittel. Erst im Zwanzigsten Jahrhundert wurden die Morse-Telegraphen durch die inzwischen entwickelten Typendruck-Telegraphen von Hughes und Baudot ergänzt und schließlich durch den Fernschreiber ersetzt. In speziellen Anwendungen, wie in der Seefahrt und beim Militär, sowie bei den Eisenbahnen behielt man aber noch lange dem Morse-Code die Treue. Die weltweite Einführung der Morsetelegraphie kann durchaus als der Beginn des „Digitalen Zeitalters" in der Informationstechnik angesehen werden.

Telegraphs for the United States. Letter from the Secretary of Tresure, December 11, 1837, House of Representatives, Doc. Nr.15, 37 pages

Morse´s Electro-Magnetic Telegraph, in: Journal of the Franklin Institute, Philadelphia Nov 1837, p. 323

Alfred Vail: Description of the American Electro-Magnetic Telegraph. Washington 1847

Alfred Vail: Le Telegraphe Electro-Magnetic Americain. Paris 1847

Die in Bildern gezeigten Dokumente gehören zu den die ersten Schriftstücken zur Erfindung des von Samuel Morse erfundenen Telegraphen und zur Beschreibung seines Systems, wie dieses für die telegraphische Verbindung zwischen der amerikanischen Hauptstadt Washington und der Stadt Baltimore im Jahre 1844 eingesetzt wurde.

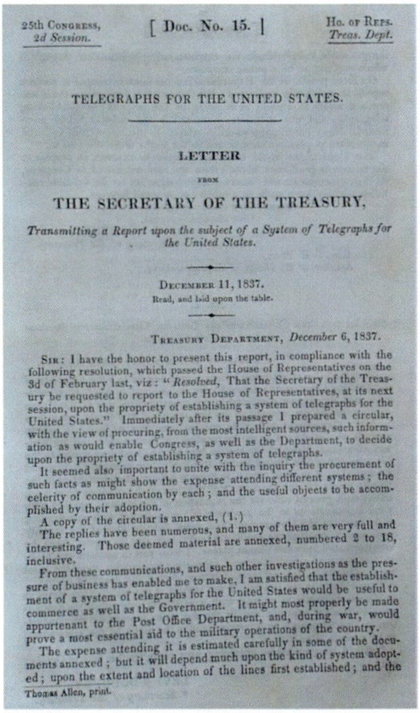

25th Congress, 2d Session. [Doc. No. 15.] Ho. of Reps. Treas. Dept.

TELEGRAPHS FOR THE UNITED STATES.

LETTER

FROM

THE SECRETARY OF THE TREASURY,

Transmitting a Report upon the subject of a System of Telegraphs for the United States.

December 11, 1837.
Read, and laid upon the table.

Treasury Department, *December* 6, 1837.

Sir: I have the honor to present this report, in compliance with the following resolution, which passed the House of Representatives on the 3d of February last, viz: "*Resolved*, That the Secretary of the Treasury be requested to report to the House of Representatives, at its next session, upon the propriety of establishing a system of telegraphs for the United States." Immediately after its passage I prepared a circular, with the view of procuring, from the most intelligent sources, such information as would enable Congress, as well as the Department, to decide upon the propriety of establishing a system of telegraphs.

It seemed also important to unite with the inquiry the procurement of such facts as might show the expense attending different systems; the celerity of communication by each; and the useful objects to be accomplished by their adoption.

A copy of the circular is annexed, (1.)

The replies have been numerous, and many of them are very full and interesting. Those deemed material are annexed, numbered 2 to 18, inclusive.

From these communications, and such other investigations as the pressure of business has enabled me to make, I am satisfied that the establishment of a system of telegraphs for the United States would be useful to commerce as well as the Government. It might most properly be made appurtenant to the Post Office Department, and, during war, would prove a most essential aid to the military operations of the country.

The expense attending it is estimated carefully in some of the documents annexed; but it will depend much upon the kind of system adopted; upon the extent and location of the lines first established; and the

Thomas Allen, print.

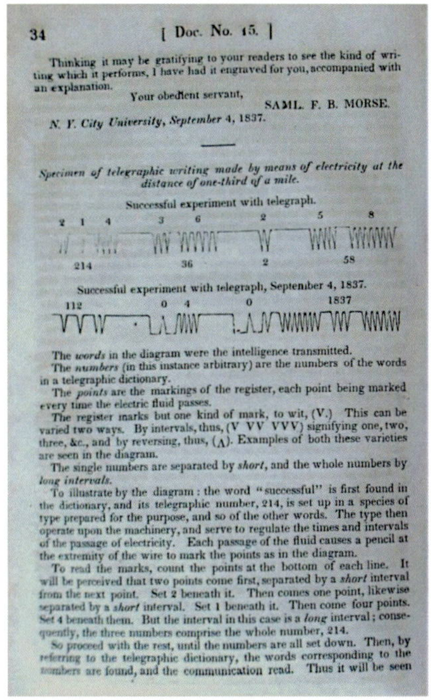

34 [Doc. No. 15.]

Thinking it may be gratifying to your readers to see the kind of writing which it performs, I have had it engraved for you, accompanied with an explanation.

Your obedient servant,
SAML. F. B. MORSE.

N. Y. City University, September 4, 1837.

Specimen of telegraphic writing made by means of electricity at the distance of one-third of a mile.

Successful experiment with telegraph.

Successful experiment with telegraph, September 4, 1837.

The *words* in the diagram were the intelligence transmitted.

The *numbers* (in this instance arbitrary) are the numbers of the words in a telegraphic dictionary.

The *points* are the markings of the register, each point being marked every time the electric fluid passes.

The register marks but one kind of mark, to wit, (V.) This can be varied two ways. By intervals, thus, (V VV VVV) signifying one, two, three, &c., and by reversing, thus, (Λ). Examples of both these varieties are seen in the diagram.

The single numbers are separated by *short*, and the whole numbers by *long intervals*.

To illustrate by the diagram: the word "successful" is first found in the dictionary, and its telegraphic number, 214, is set up in a species of type prepared for the purpose, and so of the other words. The type then operate upon the machinery, and serve to regulate the times and intervals of the passage of electricity. Each passage of the fluid causes a pencil at the extremity of the wire to mark the points as in the diagram.

To read the marks, count the points at the bottom of each line. It will be perceived that two points come first, separated by a *short* interval from the next point. Set 2 beneath it. Then comes one point, likewise separated by a *short* interval. Set 1 beneath it. Then come four points. Set 4 beneath them. But the interval in this case is a *long* interval; consequently, the three numbers comprise the whole number, 214.

So proceed with the rest, until the numbers are all set down. Then, by referring to the telegraphic dictionary, the words corresponding to the numbers are found, and the communication read. Thus it will be seen

Telegraphs for the United States 1837

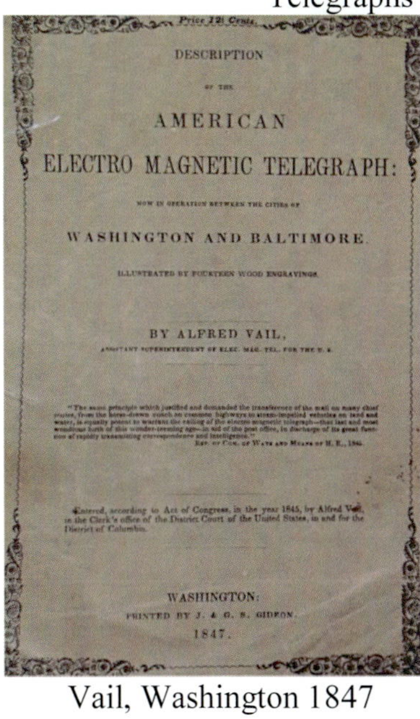

Price 12½ Cents.

DESCRIPTION

OF THE

AMERICAN

ELECTRO MAGNETIC TELEGRAPH:

NOW IN OPERATION BETWEEN THE CITIES OF

WASHINGTON AND BALTIMORE.

ILLUSTRATED BY FOURTEEN WOOD ENGRAVINGS.

BY ALFRED VAIL,

ASSISTANT SUPERINTENDENT OF ELEC. MAG. TEL. FOR THE U. S.

Entered, according to Act of Congress, in the year 1845, by Alfred Vail, in the Clerk's office of the District Court of the United States, in and for the District of Columbia.

WASHINGTON:
PRINTED BY J. & G. S. GIDEON.
1847.

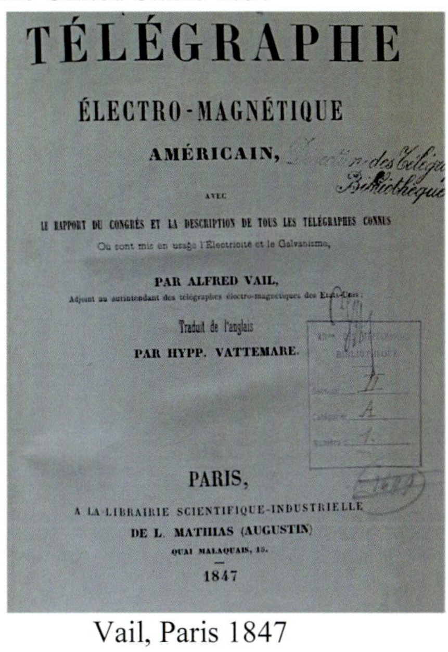

TÉLÉGRAPHE

ÉLECTRO-MAGNÉTIQUE

AMÉRICAIN,

AVEC

LE RAPPORT DU CONGRÈS ET LA DESCRIPTION DE TOUS LES TÉLÉGRAPHES CONNUS

Où sont mis en usage l'Électricité et le Galvanisme,

PAR ALFRED VAIL,

Adjoint au surintendant des télégraphes électro-magnétiques des États-Unis;

Traduit de l'anglais

PAR HYPP. VATTEMARE.

PARIS,

A LA LIBRAIRIE SCIENTIFIQUE-INDUSTRIELLE

DE L. MATHIAS (AUGUSTIN)

QUAI MALAQUAIS, 15.

1847

Vail, Washington 1847

Vail, Paris 1847

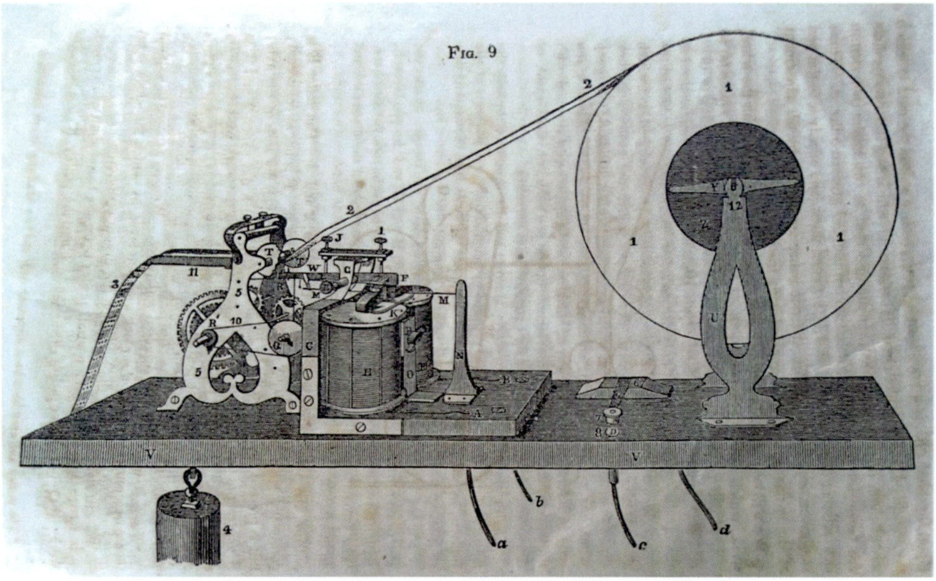

Morse Register von Vail, Washington 1847

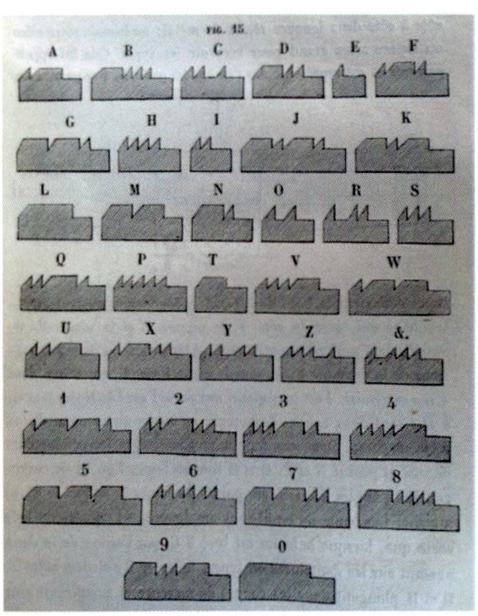

Einsätze zum Gerät von 1837

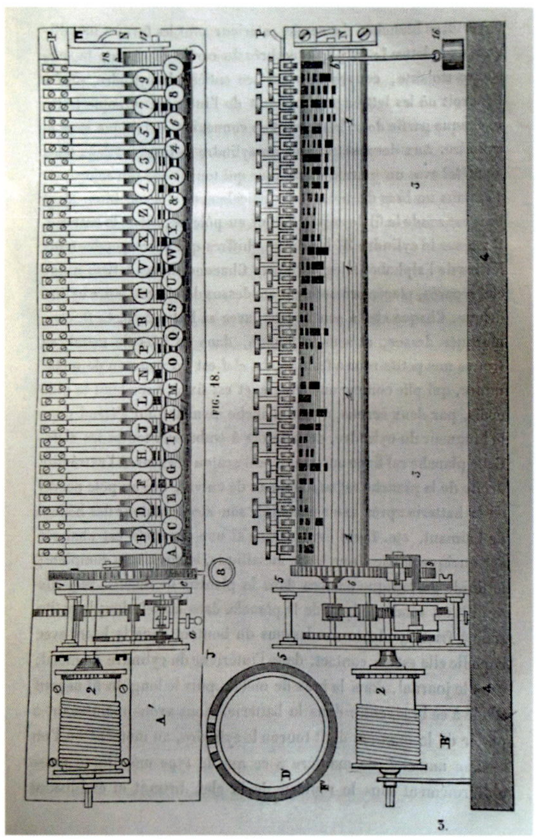

Morse-Code Geber mit Tastatur

Beginn der elektrischen Telegraphie in Europa

Fr. Clemens Gerke: Der praktische Telegraphist
oder die electromagnetische Telegraphie
nach dem Morse´sche System, Hamburg 1851

Im Jahre 1847 brachte der Amerikaner William Robinson, in Begleitung seines Stiefsohnes Charles B. Robinson und von Charles L. Chapin Telegraphenapparate des Morse Systems nach Deutschland. Es handelte sich nach Gerke um Register aus der Werkstätte von Chubbuck in Utica, New York mit zugehörigem „Stromschlüssel“ (später in Deutschland einfach als „Morsetaste“ bezeichnet) und Relais sowie galvanischen Batterien nach Grove. Die Gruppe machte Station in Hamburg, wo sie in Zeitungen nach Interessenten suchten. William Robinson hatte schließlich bei den Betreibern der optischen Telegraphenlinie von Hamburg nach Cuxhaven, die zur Meldung der ankommenden Schiffe diente, Erfolg. Es wurden dafür die notwendigen Apparate von Robinson gekauft und damit die erste deutsche Morse Linie Hamburg-Cuxhaven eingerichtet. Der dafür eingesetzte Telegrapheninspektor Clemens Gerke beschreibt in seinem Buch „Der praktische Telegraphist“ vom Jahre 1851 das System im Einzelnen. Wir erfahren daraus die genaue Art des Schreibapparates, der Taste und des Relais.

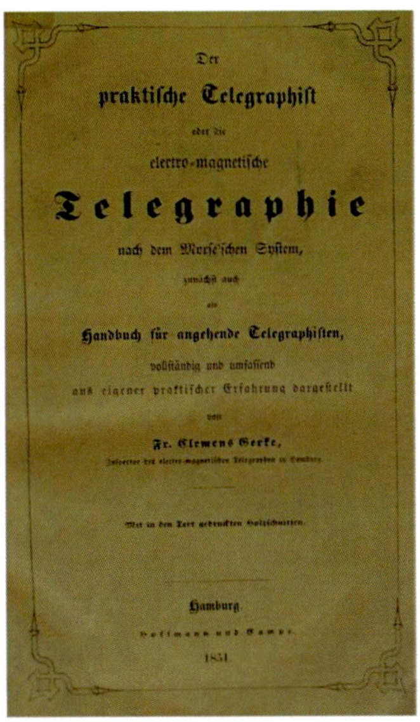
Der
praktische Telegraphist
oder die
electro-magnetische
Telegraphie
nach dem Morse'schen System,
Handbuch für angehende Telegraphisten,
Fr. Clemens Gerke,
Hamburg
1851

Gerke 1851

Hamburg-Cuxhaven Station 1848

C.A. Steinheil: Beschreibung und Vergleichung der galvanischen Telegraphen Deutschlands nach Besichtigung im April 1849

Carl August Steinheil, geboren 1801 in Rappoltsweiler (heute Ribeauville) im Elsaß geboren, war ab 1842 Professor für Mathematik und Physik an der Universität München. Als Spezialist für die neu erfundene elektrische Telegraphie führte er im April 1849 eine Untersuchung der zu dieser Zeit in Deutschland und Österreich bereits in Betrieb stehenden Telegraphensysteme durch. Im Einzelnen waren dies in Deutschland die Verbindungen von Hamburg nach Cuxhafen, die Verbindungen, die von Berlin ausgingen, die Verbindungen von München nach Nannhofen, von Karlsruhe nach Durlach, von Heidelberg nach Mannheim. In Österreich untersuchte Steinheil das dort verwendete System nach Bain das für die Verbindungen von Wien nach Pressburg, Prag und Triest eingesetzt wurde. Der Bericht enthält genaue Angaben über die Lieferfirmen der Apparate, Drähte und Isolatoren. Ebenso wird die Anbringung der Guttapercha-Isolierung bei Erdkabel mittels der von Werner Siemens erfundenen Presse genau beschrieben.

Joseph Forsach: Handbuch der electrischen, galvanischen, magnetischen und electromagnetischen Telegraphie, Wien 1854

Joseph Forsach, k.k. Telegraphen Offizial, war in leitender Stelle im österreichischen Telegraphendienst tätig. Sein Handbuch sollte zur Ausbildung der im Telegraphendienst tätigen Beamten dienen. Dazu behandelt Forsach zuerst ausführlich die elektrischen Grundlagen einschließlich der Messmethoden für Leitungen und der verschiedenen in der Telegraphie einsetzbare galvanischen Batterien. Im zweiten Teil werden die bisher historisch bekannten Telegraphie-Systeme (von Sömmering, über Gauss- Weber und Steinheil bis zum System von Morse) beschrieben und durch Zeichnungen belegt. Der Schlussteil dieses Werkes ist den elektromagnetischen Uhren und der Schaltungstechnik („Combinationslehre“) gewidmet. Im Anhang behandelt Forsach den elektrochemischen Schreibtelegraphen von Gintl sowie neue aus Amerika kommende Entwicklungen der Telegraphie.

Dr. H. Schellen: Der elektromagnetische Telegraph, Braunschweig 1850

Die Telegraphie gehört zu den ersten technischen Anwendungen, die mit der Entdeckung des Elektromagnetismus und der damit gegebenen Möglichkeit Elektromagneten herzustellen (Sturgeon 1825) möglich geworden sind. Heinrich Schellen, ein Oberlehrer an der Realschule in Düsseldorf hat in Deutschland das erste Buch verfasst, das die verschiedenen elektromagnetischen Systeme, die für die Telegraphie im Jahre 1850 zur Verfügung standen beschreibt. Einleitend wird auch die optische Telegraphie als Vorläufer der elektrischen Telegraphie behandelt. Besonders ist zu bemerken, dass in dem Buch von Schellen auch der international erreichte Stand der Telegraphennetze angegeben wird. Der Schlussteil ist den verschiedenen damals bekannten elektrischen Uhren gewidmet. Das Werk erlebte viele Auflagen. Diese werden in dieser Schrift später noch angeführt.

Friedrich Harzer: Die Magnet-Electricität als motorische Kraft, Weimar 1849

Das zum Unterricht an einer Gewerbeschule gedachte kleine Werk gibt im ersten Teil (Seiten 1-28)eine kurze Einführung in die zu dieser Zeit in Frankreich und Preussen vorhandene optische Telegraphie sowie in die für die elektrische Telegraphie notwendigen physikalischen Grundlagen. Im zweiten Teil (Seiten 29-47) werden die elektromagnetischen Telegraphen von Wheatstone, Morse und Stöhrer behandelt. Die Besprechung der Herstellung von Erdkabeln mit Guttapercha-Isolation und der Stand der Verbreitung von Telegraphenlinien in In-und Ausland sowie Angaben zu den Tarifen für telegraphische Privatdepeschen bilden den Abschluss.

Friedrich Kohl: Die optisch-mechanische und electromagnetische Telegraphie, Leipzig 1850

Der erste Abschnitt (S. 1-16) ist den galvanischen Batterien gewidmet, der zweite Abschnitt (S. 17-121) gehört der Telegraphie, wobei zehn verschiedene Systeme dazu (von Steinheil bis Stöhrer) besprochen werden. Der dritte und vierte Abschnitt (S. 122-176) ist den elektrischen Uhren und den elektrischen Motoren (der Frühzeit) gewidmet. Die einzelnen Ausführungen werden durch zahlreiche Illustrationen auf insgesamt 16 Tafeln unterstützt.

Dionysius Lardner: The Electric Telegraph Popularised, London 1855

Das Werk von Lardner hat das Hauptziel, einen allgemein an der elektrischen Telegraphie interessierten Leser in verständlicher Weise mit den bisher in den verschiedenen Ländern entwickelten Telegraphie-Systemen vertraut zu machen. Neben den technisch-physikalischen Funktionen werden dabei auch Angaben über den in den verschiedenen Ländern erreichten Ausbau der Linien gemacht. Besonders fällt bei diesen Werken das reiche Bildmaterial auf, das dem Leser das Verständnis der technischen Funktion der Geräte und Systeme erleichtert.

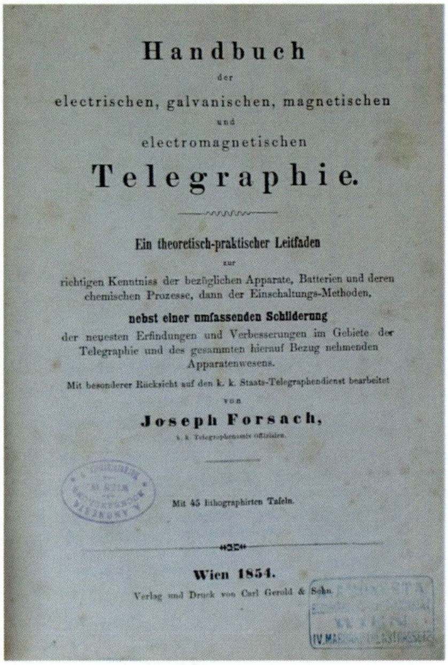

Handbuch
der
electrischen, galvanischen, magnetischen
und
electromagnetischen
Telegraphie.

Ein theoretisch-praktischer Leitfaden
zur
richtigen Kenntniss der bezüglichen Apparate, Batterien und deren chemischen Prozesse, dann der Einschaltungs-Methoden,
nebst einer umfassenden Schilderung
der neuesten Erfindungen und Verbesserungen im Gebiete der Telegraphie und des gesammten hierauf Bezug nehmenden Apparatenwesens.
Mit besonderer Rücksicht auf den k. k. Staats-Telegraphendienst bearbeitet
von
Joseph Forsach,
k. k. Telegraphenamts-Offizialen.

Mit 45 lithographirten Tafeln.

Wien 1854.
Verlag und Druck von Carl Gerold & Sohn.

Forsach,Schellen, Harzer, Kohl, Turnbull, Lardner   Forsach 1854

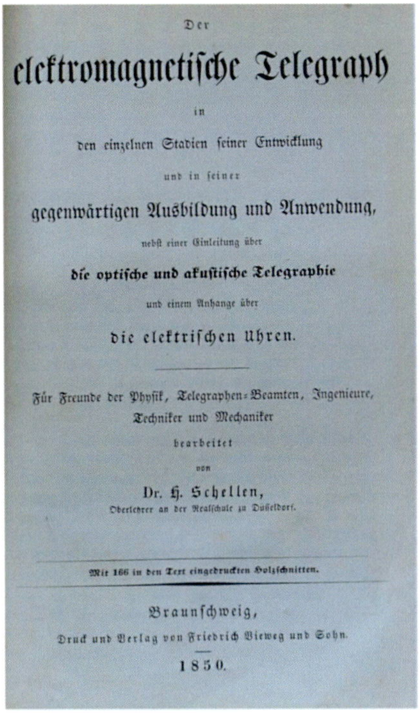

Der

elektromagnetische Telegraph

in

den einzelnen Stadien seiner Entwicklung

und in seiner

gegenwärtigen Ausbildung und Anwendung,

nebst einer Einleitung über

die optische und akustische Telegraphie

und einem Anhange über

die elektrischen Uhren.

Für Freunde der Physik, Telegraphen-Beamten, Ingenieure, Techniker und Mechaniker

bearbeitet

von

Dr. H. Schellen,

Oberlehrer an der Realschule zu Düsseldorf.

Mit 166 in den Text eingedruckten Holzschnitten.

Braunschweig,

Druck und Verlag von Friedrich Vieweg und Sohn.

1850.

Schellen 1850

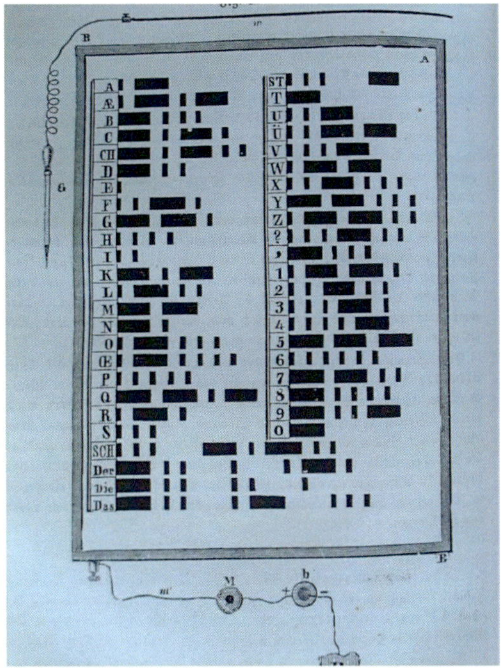

Morse-Code Tafel, Schellen 1850

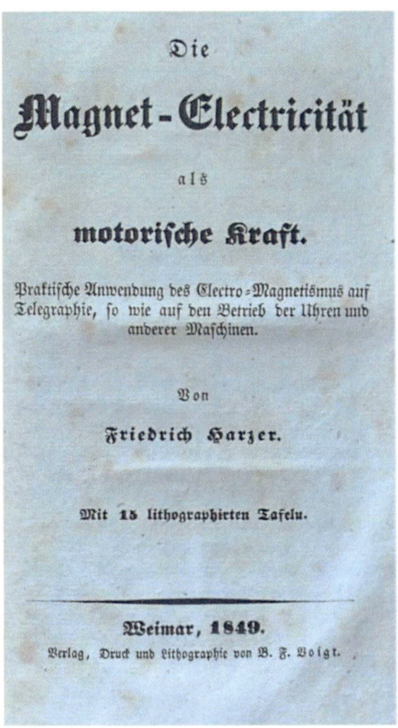

Die

Magnet-Electricität

als

motorische Kraft.

Praktische Anwendung des Electro-Magnetismus auf Telegraphie, so wie auf den Betrieb der Uhren und anderer Maschinen.

Von

Friedrich Harzer.

Mit 15 lithographirten Tafeln.

Weimar, 1849.

Verlag, Druck und Lithographie von B. F. Voigt.

Harzer 1849

Lardner 1855

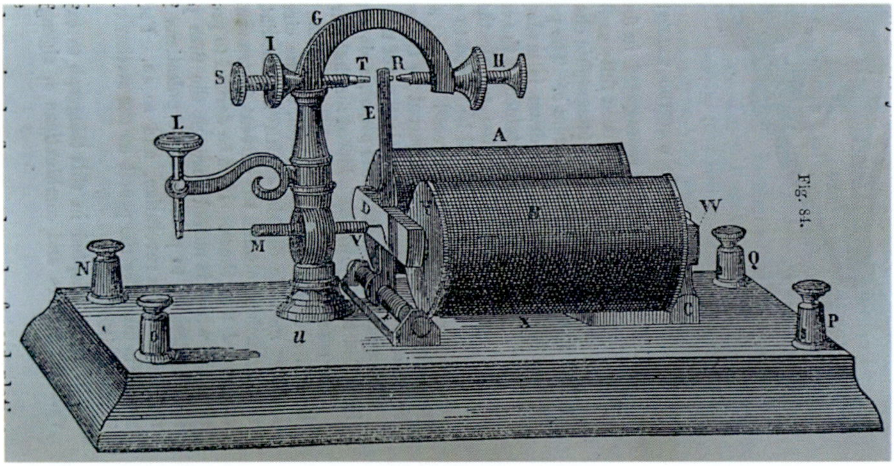

Relais. Lardner 1855

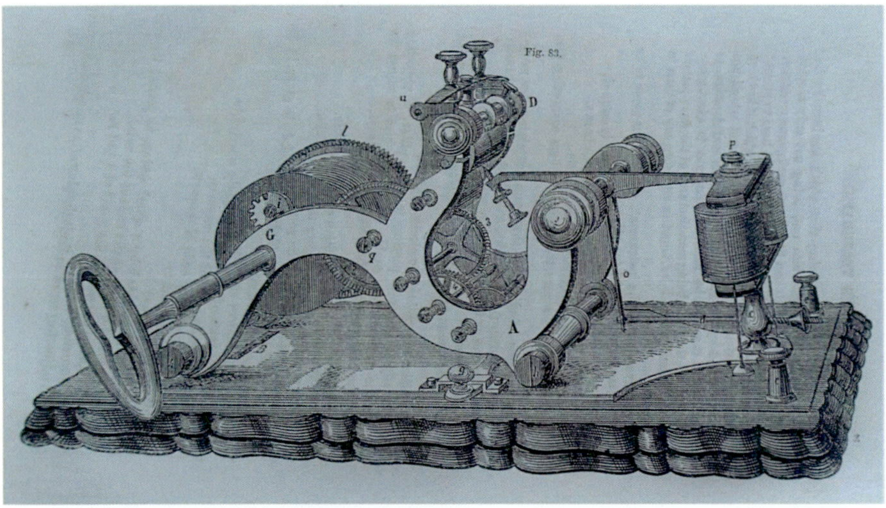

1855 Register. Lardner

Die weitere Entwicklung der Morse-Telegraphie in den USA und in Europa 1850- 1870

USA

Tal. P. Shaffner: The Telegraph Manual, New York 1859

Dieses umfangreiche reich illustrierte Werk von insgesamt 850 Seiten verschafft dem Leser die Kenntnis der in den verschiedenen Ländern der Erde eingerichteten oder historisch überlieferten Telegraphie Systeme. Dies betrifft neben der elektrischen Telegraphie auch die optische Telegraphie. Neben den

Apparaten werden auch die einzelnen Stationen und die Herstellung der Verbindungen über Freileitungen und Kabel behandelt. Dabei werden auch die dafür eingesetzten technischen Mittel, wie z.B. der Blitzschutz, die Isolation der Kabel mit Guttapercha und die Methoden zur Legung von Unterseekabeln besprochen. Das Buch von Schaffner stellt das umfangreichste und ausführlichste Werk zu den ersten Jahren der Telegraphie dar.

George B. Prescott: History, Theory, and Practice of the Electric Telegraph, Boston 1863

Dieses Werk von Prescott, das später mehrere Neuauflagen erlebte, gibt in Teil I eine Einführung in die Grundlagen der Elektrizität, die für das Verständnis der elektrischen Telegraphie notwendig sind. Teil II und III sind den in dieser Zeit in den Vereinigten Staaten diskutierten Telegraphie-Systemen gewidmet. Neben dem bereits eingeführten Morse System sind dies im Besonderen der Typendruck Telegraph von House und von Hughes und der elektrochemische Telegraph von Baine. Alle diese konnten sich bekanntlich in den USA gegen dem System von Morse nicht durchsetzen. Teil IV und V ist den Untersee-Kabel , besonders hier dem Atlantik Kabel gewidmet. Es handelt sich dabei aber über die erfolglose Kabellegung des Jahres 1858. Die erfolgreiche Legung des Atlantik Kabels von 1866 wurde von Prescott erst in späteren Auflagen des Buches behandelt. Die weiteren Teile VI bis XI sind u.a. den zu erwartenden Fortschritten, den verschiedenen Anwendungen, der Konstruktion der Linien gewidmet.

Frank L. Pope: Modern Practice of the Electric Telegraph, New York 1869

Der Inhalt dieses Buches erfüllt die im Titel erweckten Erwartungen. Nach einer Einführung zum Vermittlung der notwendigen elektrischen Kenntnisse wird ausschließlich das Morse-System sowie die dafür eingesetzten Arbeitsmethoden zur Errichtung der Leitungen und deren Instandhaltung behandelt. Im Anhang finden sich Hinweise für die Praxis und zugehörige Rechenbeispiele. Besonders soll auf die ausgezeichneten Abbildungen dieses Buches und auf die interessanten Werbeanzeigen am Schluss noch hingewiesen werden.

Laurance Turnbull: The Electro-Magnetic Telegraph. Philadelphia 1853

Shaffner,Prescott,Pope

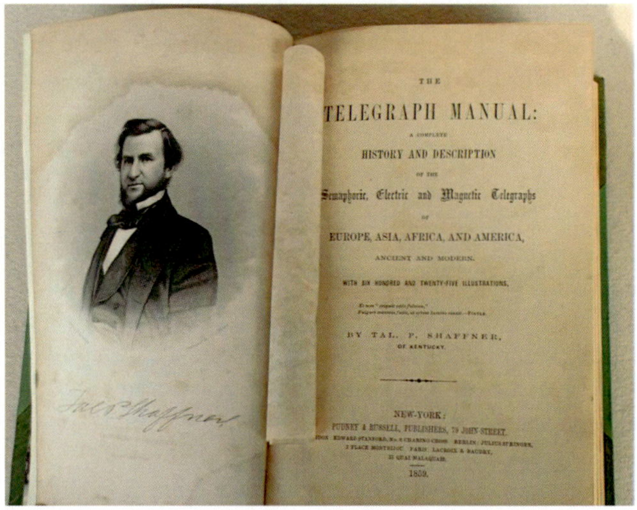

Shaffner 1859

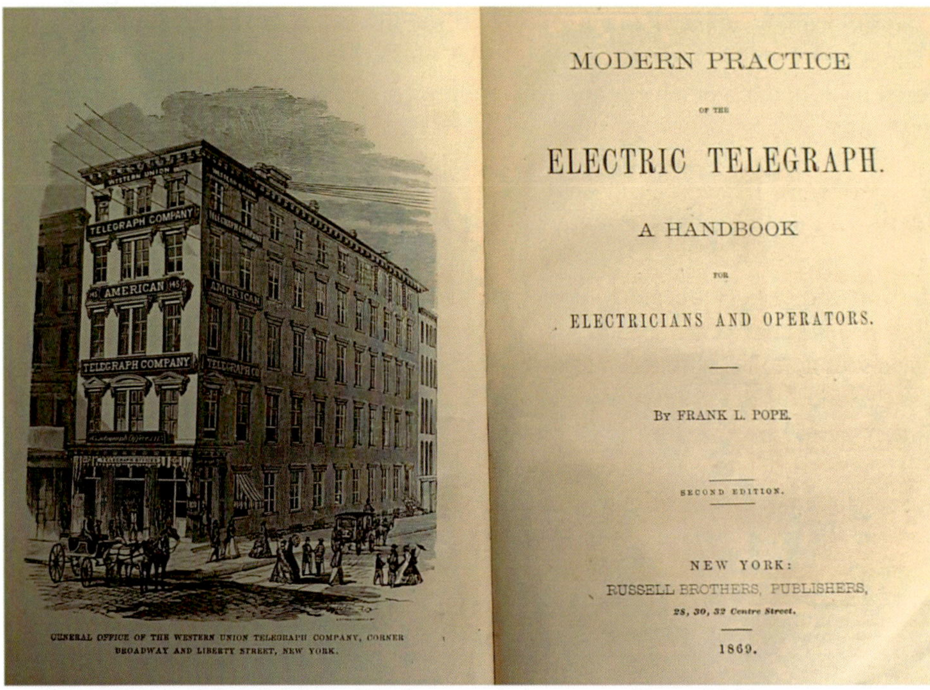

Western Electric New York

Pope 1869

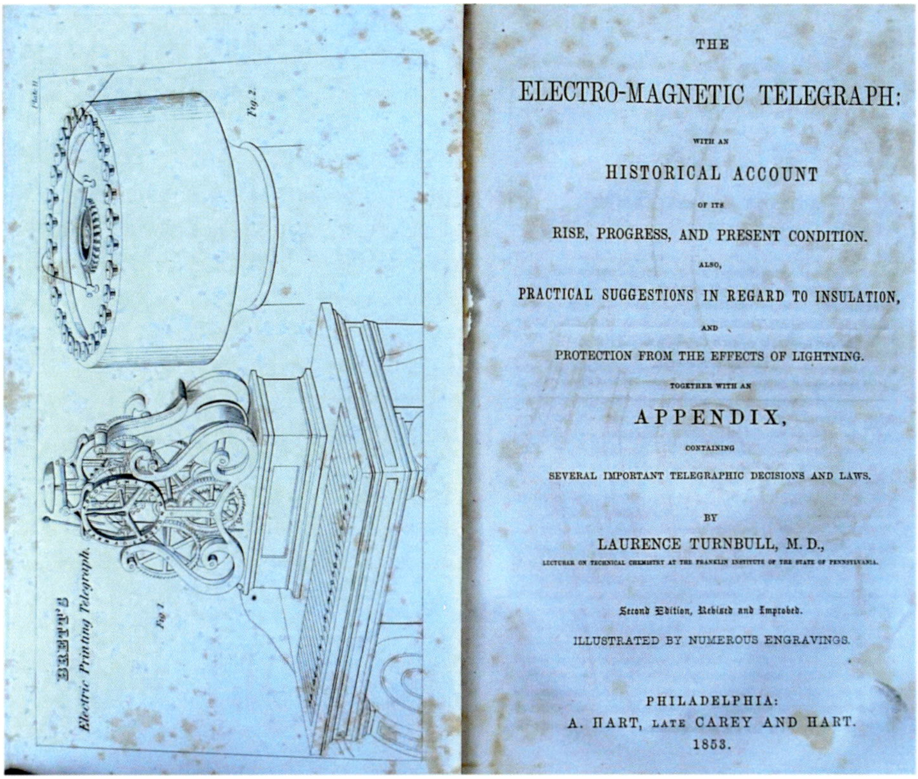

THE
ELECTRO-MAGNETIC TELEGRAPH:
WITH AN
HISTORICAL ACCOUNT
OF ITS
RISE, PROGRESS, AND PRESENT CONDITION.
ALSO,
PRACTICAL SUGGESTIONS IN REGARD TO INSULATION,
AND
PROTECTION FROM THE EFFECTS OF LIGHTNING.
TOGETHER WITH AN
APPENDIX,
CONTAINING
SEVERAL IMPORTANT TELEGRAPHIC DECISIONS AND LAWS.
BY
LAURENCE TURNBULL, M. D.,
LECTURER ON TECHNICAL CHEMISTRY AT THE FRANKLIN INSTITUTE OF THE STATE OF PENNSYLVANIA.
Second Edition, Revised and Improved.
ILLUSTRATED BY NUMEROUS ENGRAVINGS.
PHILADELPHIA:
A. HART, LATE CAREY AND HART.
1853.

Turnbull 1853

Deutschland

Dr. Julius Dub: Die Anwendung des Electromagnetismus mit besonderer Berücksichtigung der Telegraphie, Berlin 1863

Dr. Julius Dub war Professor an einem Berliner Gymnasium. Als solcher interessierte er sich, gemäß der damaligen Gepflogenheit von Lehrern an Gymnasien, auch für die Wissenschaften und deren Anwendungen im praktischen Leben. Mit diesem Buch hat Dub ein erfolgreiches Zeugnis für solche Bemühungen abgelegt. Die Abschnitte I-IV (S. 1- 270) sind den physikalischen Grundlagen der Elektrizität, soweit diese die Telegraphie betreffen, gewidmet. Dabei wird jedoch auch der Telegraphenleitung, oberirdisch und unterirdisch als Kabel, die nötige Aufmerksamkeit geschenkt.
Nach einem historischen Rückblick zur Telegraphie in Abschnitt V werden in Abschnitt VI (S.301- 394) die Nadeltelegraphen von Wheatstone und Cooke, die galvano-elektrischen Zeigertelegraphen von Siemens und Halske, Breguet, Kramer, Froment, die magneto-elektrischen Zeigertelegraphen von Wheatstone, Stöhrer und Siemens und Halske sowie der Morsetelegraphen behandelt.

Abschnitt VII (S. 395- 484) befasst sich mit speziellen Apparaten und Verfahren wie diese mit den Schwarzschreibern, den elektrochemischen Telegraphen und dem Gegen- und Doppelsprechen vorliegen. Die Abschnitte VIII (S.485- 522) befasst sich mit den elektromagnetischen Apparaten zur Sicherung der Eisenbahnzüge. Schließlich werden in den Abschnitten IX- XI (S. 523- 645) die Anwendungen der Elektrizität zur Zeitmessung, zur Automatisierung von Webstühlen und zur Erreichung einer Triebkraft durch elektromagnetische Motore, besprochen. Das Werk von Dub gehört zu den besten, die in dieser Zeit zur Anwendung der Elektrizität in der Telegraphie verfasst worden sind.

Dr. H. Schellen: Der elektromagnetische Telegraph, Braunschweig 1854,1861,1867,1870

Der Erfolg den Schellen offenbar mit seinem Buch vom Jahre 1850 hatte, veranlasste ihn zu einer wiederholten Auflage, wobei stets auf den neuen Stand der Telegraphie eingegangen wurde. Hatte das Buch von 1850 noch einen Umfang von 368 Seiten, so war die Seitenanzahl bei der Ausgabe von 1870 auf 861 gestiegen. Es sei hier angemerkt, dass auch Schellen, so wie Dub und weitere verdiente Autoren als Professor einer Realschule tätig war.

Dub 1863

Dub 1863

Schellen 1854,1861,1867,1870

Schellen 1870

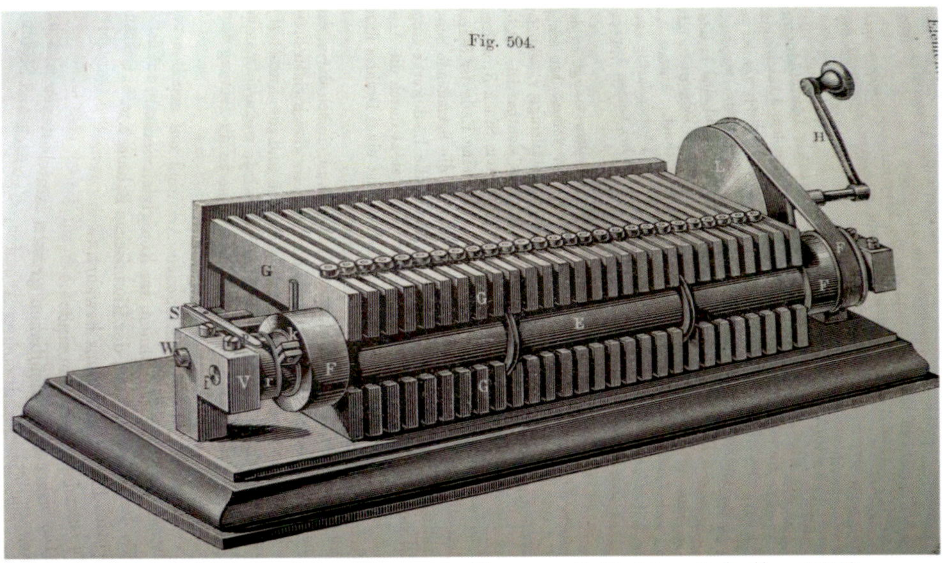

magnetelektrische Maschine von Siemens & Halske, Schellen 1870

Dr. W, Siemens: Die electrische Telegraphie, Berlin 1866

Sonderdruck der in der „Sammlung gemeinverständlicher wissenschaftlicher Vorträge“ herausgegeben von Rud. Virchow und Fr. v. Holtzendorff im Jahre 1866 erschienenen Arbeit von Werner Siemens. Siemens, der bereits vom Jahre 1847 weg die Telegraphie mit seinen Erfindungen bereichert hat, gibt hier einen Überblick zur Entwicklung der elektrischen Telegraphie. Der Anlass für die Anfertigung dieser Schrift war vielleicht die erfolgreiche Legung des Atlantikkabels im Jahre 1866, die von Siemens am Schluss angeführt wird.

Schweiz

H. Brodbeck: Der Morse´sche Telegraph in der Schweiz, Frauenfeld 1872

Dieses Buch, verfasst von H. Brodbeck, Telegraphist in Frauenfeld, Schweiz, setzt sich zum Ziel, den Stand der Telegraphie in der Schweiz für den Praktiker darzustellen. Dazu werden einleitend die dazu notwendigen physikalischen Grundlagen der Elektrizität behandelt. Es folgt die Erörterung der Eigenschaften und der Art der Leitungen, die für die Übertragung der elektrischen Zeichen eingesetzt werden. Den Hauptteil bildet die Besprechung des Morse´schen Telegraphen, wie dieser in der Schweiz eingesetzt wird. Die Ausführungen werden durch zahlreiche Illustrationen, dargestellt in XIII Tafeln ergänzt.

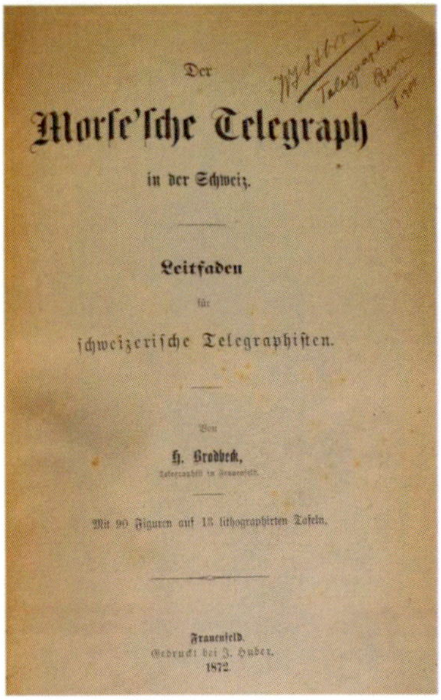
Der
Morse'sche Telegraph
in der Schweiz.

Leitfaden
für
schweizerische Telegraphisten.

Von
H. Brodbeck,

Mit 90 Figuren auf 13 lithographirten Tafeln.

Frauenfeld.
Gedruckt bei J. Huber.
1872.

Brodbeck 1872

ETW Morsetelegraph, Brodbeck 1872

Handbücher und spezielle Werke zur Telegraphie 1870- 1890

Deutschland

Ludwig Galle: Katechismus der Elektrischen Telegraphie. Leipzig 1870
Julius Ludewig: Der Reichstelegraphist, Leipzig 1874
Dr. F. Binder: Die elektrischen Telegraphen, Weimar 1880

Im Buch von Galle werden 250 zur Telegraphie gestellte Frage ausführlich beantwortet. Ludwig Galle, Direktor des Königl. Sächsischen Staatstelegraphen, beauftragte Dr. Karl Eduard Zetsche, Prof. a.d. Königl. Höheren Gewerbeschule in Chemnitz die Herausgabe dieser 4.Auflage des Buches. Das Werk ist bis heute zur Erlangung des Verständnisses der technischen Funktion der einzelnen Komponenten eines elektrischen Telegraphen-Systems von Nutzen.

Das Werk von Ludewig war als Handbuch zum Selbstunterricht und zur Vorbereitung für das Telegraphieexamen für Telegraphenbeamte gedacht.
Es behandelt hauptsächlich die Morse-Telegraphie, enthält aber ausführliche Abschnitte zum Bau von Telegraphenlinien und zur Logistik der Depeschen-Abwicklung. Das Buch von Binder gibt eine populäre Darstellung zur Geschichte und zur Funktion der elektrischen Telegraphen. Den Schluss bilden Kapitel zur Haus- und Feuerwehrtelegraphie sowie auch zum gerade erfundenen Telephon und Mikrophon.

Dr. Julius Dub: Die Anwendung des Electromagnetismus mit besonderer Berücksichtigung der neueren Telegraphie, Berlin 1873

Dies ist eine Neuauflage des bereits im Jahre 1863 erschienen Buches von Dub.
Es werden darin die in den inzwischen entwickelten neuen Verfahren, davon besonders der Typendruck-Telegraph von Hughes und das automatische System von Siemens (eingesetzt in der indo-germanischen Telegraphenlinie von Berlin nach Kalkutta) und das automatische System von Wheatstone behandelt. Wie auch die Erstauflage so besticht diese Auflage durch die beigegebenen ausgezeichnet gedruckten Zeichnungen.

L. Weidenbach: Compendium der Elektrischen Telegraphie. Wiesbaden 1877

Dieses Buch unterscheidet sich von den übrigen Darstellungen die elektrische Telegraphie betreffend. Es handelt sich beim Inhalt in erster Linie um die Behandlung der physikalischen Grundlagen, die in der Telegraphie benötigt werden unter Beischluss der dafür vorkommenden Berechnungen. Dies schließt auch Berechnungen von Schaltkreisen, die in der Telegraphie gebraucht werden ein. Die konkrete Darstellung der Telegraphen-Instrumente geschieht am Schluss mittels insgesamt 47 Figurentafeln, die eine genaue Beschreibung auf den Seiten 414- 486 erfahren.

Galle,Ludewig,Binder,Dub,Weidenbach

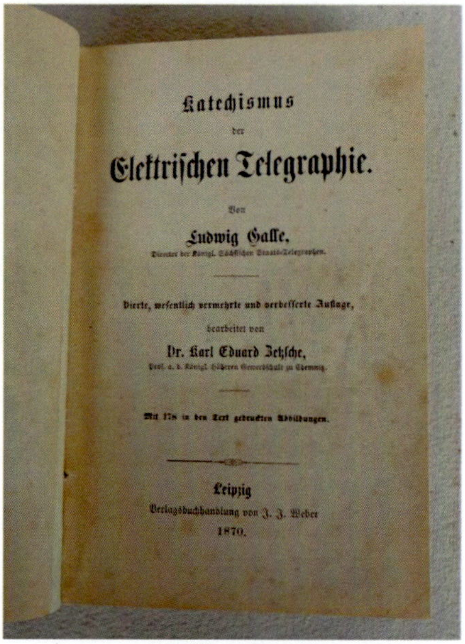

Galle 1870

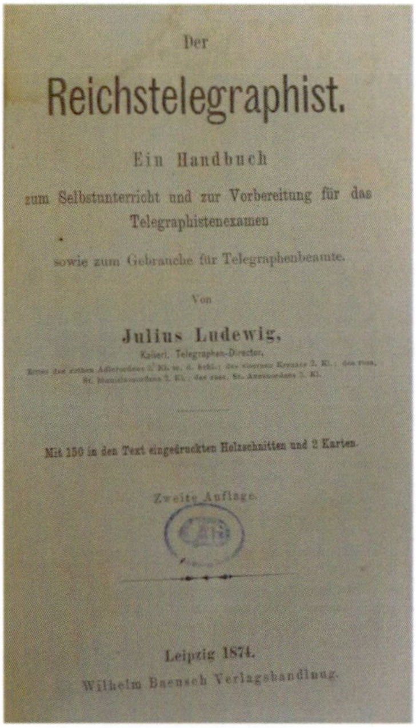

Ludewig 1874

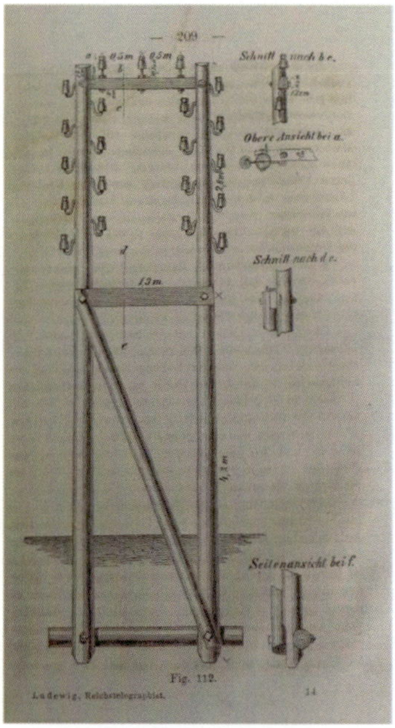

Ludewig 1874

Fig. 58.

Farbschreiber Siemens & Halske 1870, Ludewig 1874

Beschreibung der in der Reichs-Telegraphenverwaltung gebräuchlichen Apparate, Abschnitt I und II nebst Figurentafeln, Berlin 1878

Der Band behandelt den Farbschreiber des Jahres 1870 wie dieser als Standardgerät in der Reichs-Telegraphen-Verwaltung in Deutschland eingesetzt wurde. Die einzelnen Geräte, Teile davon und Schaltungen in insgesamt 47 Figuren gargestellt. Vorangehende Seiten (41+8) geben die dazugehörige Beschreibung. Zusätzlich enthält der Band 22 Figuren zum ersten Fernsprecher (mit vorangehenden 12 Seiten Beschreibungen dazu) der in der deutschen Reichs-Telegraphenverwaltung eingesetzt wurde.

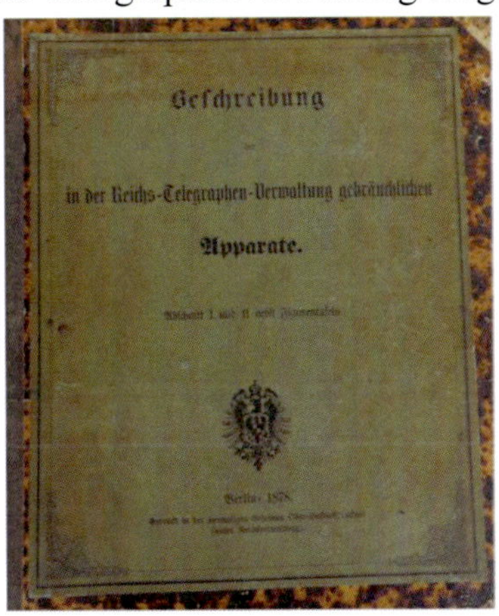

Beschreibung

in der Reichs-Telegraphen-Verwaltung gebräuchlichen

Apparate.

Abschnitt I und II nebst Figurentafeln.

Berlin, 1878.

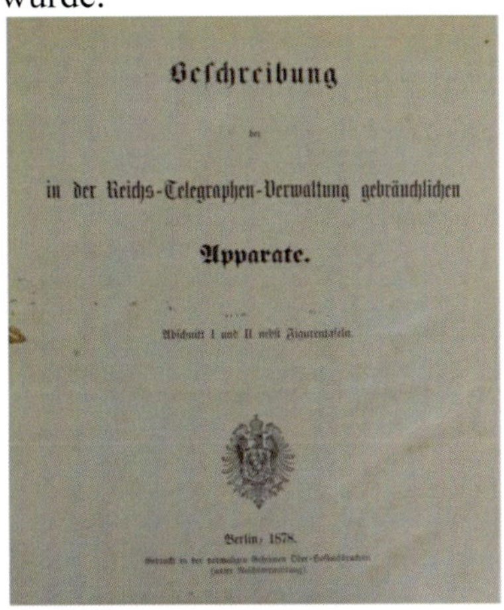

Beschreibung

in der Reichs-Telegraphen-Verwaltung gebräuchlichen

Apparate.

Abschnitt I und II nebst Figurentafeln.

Berlin, 1878.

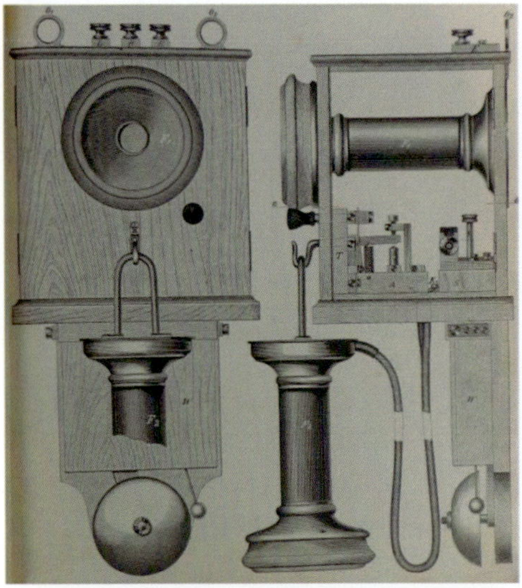

Telephon mit Siemens Belltelephone

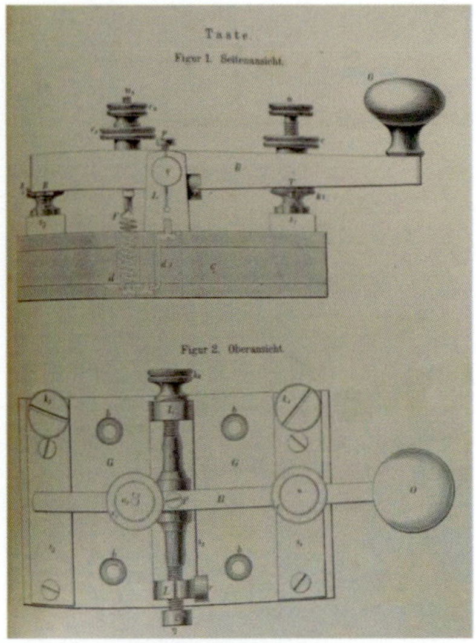

Morsetaste

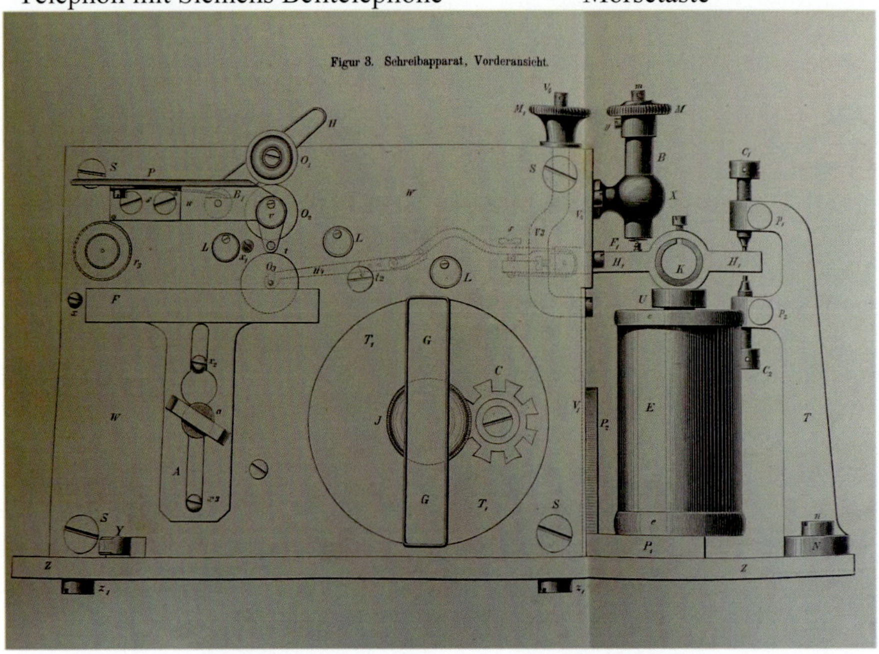

Morsetelegraph von Siemens & Halske

R. von Fischer-Treuenfeld: Kriegs-Telegraphie; Stuttgart 1879

Dieses spezielle Werk zur Telegraphie behandelt den Einsatz der Telegraphie bei militärischen Operationen. Es ist vom Verfasser dem bekannten Königl. Preussischen General – Feldmarschall Moltke gewidmet. Zum Inhalt ist Folgendes zu bemerken: Der Erste Abschnitt: Geschichtliche Entwicklung der

Kriegs-Telegraphen (S. 1- 85) beschreibt die Anwendung der Telegraphie in der Vergangenheit bei Kriegshandlungen in verschiedenen Ländern. Im Zweiten Abschnitt: Wirkungskreis der Kriegs-Telegraphen (S. 86- 199) wird in Aufsätzen über verschiedene Erfahrungen in der Anwendung der Telegraphie im militärischen bereich berichtet und Hinweise für solche Anwendungen gegeben. Der dritte Abschnitt: Organisation der Kriegs-Telegraphen (S. 200-366) liefert für eine Anzahl von Ländern Details über den Aufbau und den Stand der Einrichtungen der einzelnen Militärbehörden bekannt.

C. Grawinkel und Dr. K. Strecker: Die Telegraphentechnik, Berlin 1889

Der Untertitel dieses Buches „Ein Leitfaden für Post- und Telegraphenbeamte" deutet bereits an, dass es sich um ein Lehrbuch zur Vorbereitung von Post- und Telegraphen Assistenten auf die erforderliche Fachprüfung in Telegraphentechnik handelt. Beide Autoren waren Lehrer an der Post- und Telegraphenschule in Berlin. Der Inhalt ist so gewählt, dass neben den erforderlichen physikalischen technischen Kenntnissen und der Behandlung einzelner Apparate der Morse-Telegraphie auch die Einrichtungen und der Betrieb eines Telegraphenamtes und die möglichen Betriebsstörungen ausführlich behandelt wurden.

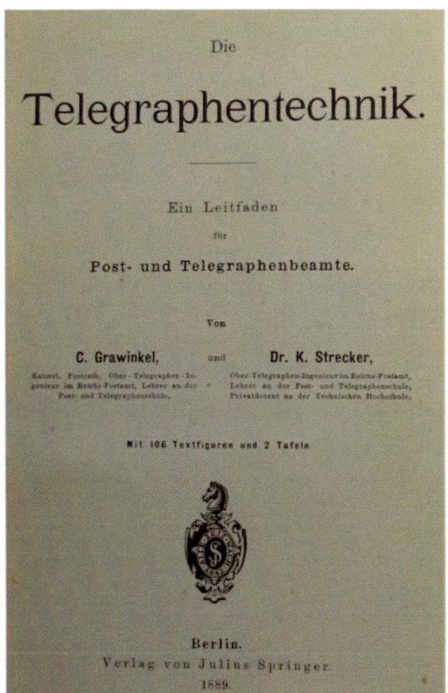

Grawinkel-Strecker 1889

Grawinkel-Strecker 1889

Österreich

Carl Rosmanith: Vorträge über electromagnetische Telegraphie, 215 Seiten, ca 1880

Hektographiertes Skriptum eines österreichischen Kurses zum Gebiet der Telegraphie wobei das gesamte Gebiet, von der Führung der Freileitungen, den verschiedenen österreichischen Morse-Telegraphen-Instrumenten (einschließlich der ersten Geräte der 1850´er Jahre) und deren Schaltungen, Nadeltelegraphen und Magnetinduktionstelegraphen bis zum Telegraphie-System des Transatlantik-Kabels, behandelt wird.

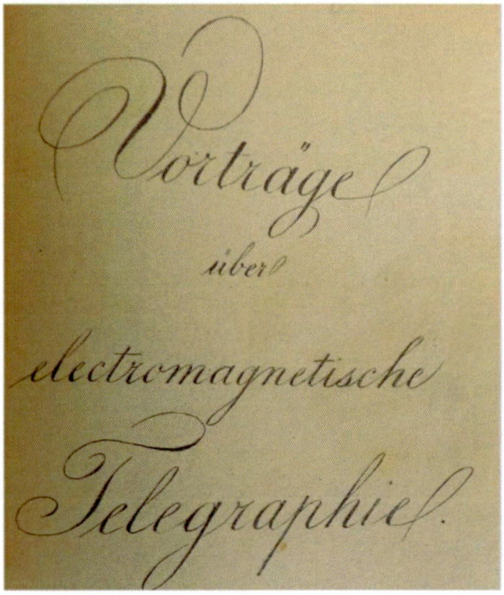

Rosmanith 1880

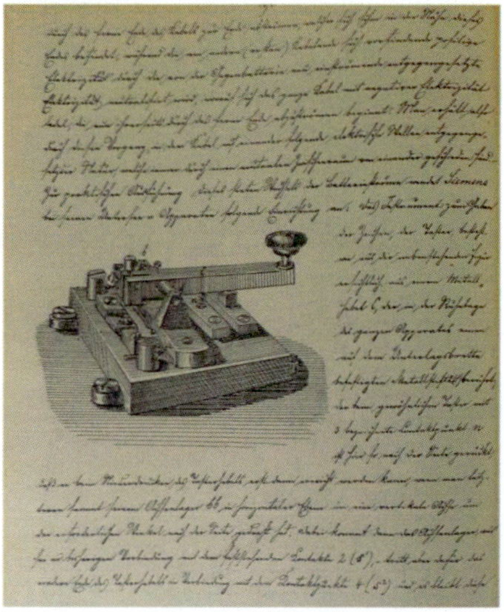

Rosmanith 1880

Johann Kral: Handbuch des Telegraphen-Dienstes, Marburg 1880
Alfred Calgari, Johann N. Teufelhart: Der Electromagnetische Telegraph, Wien 1886

Beide Werke sind Lehrbücher die für die Beamten der k.k. Telegraphendienst Österreich-Ungarn verfasst worden sind.

Das Buch von Kral, seinerzeit k.k. Telegraphenverwalter in Marburg, hat im ersten Teil den üblichen Aufbau. Nach der Behandlung der physikalischen Grundlagen (Magnetismus, Elektrizität) und der Telegraphenleitung und deren Apparate wird das Morse-System und kurz auch andere Systeme (österreichischer Bain- Telegraph, chemischer Telegraph von Gintl) besprochen. Als Besonderheit enthält dieses Werk am Schluss einen Abschnitt zu den Vorschriften für den Manipulationsdienst und die Rechnungslegung der k.k. Telegraphen-Stationen.

Das Buch von Calgari-Teufelhart richtet sich an Telegraphenbedienstete der k.k. Post- und Telegraphen-Direktion unter der Enns (heute Niederösterreich). In Teil I, S. 1-177, verfasst von Alfred Calgari, k.k. Post-Official, werden die physikalischen Grundlagen vermittelt. Teil II,S. 1- 176, verfasst von Johann N. Teufelhart, k.k. Post-Controlor, ist der Lehrstoff in folgende einzelne Abschnitte gegliedert: Telegraphieren, Fachausdrücke, Batterien, Apparat-und Schaltungslehre, Gemeinschaftliche Batterien.

Frankreich

Paul Laurencin: Le Telegraphe, Paris 1877

Dieses in französischer Sprache und 404 Seiten starke Werk in Kleinformat überrascht durch die historische Vollständigkeit. Die Telegraphie wird, beginnend von Sömmering, über den ersten Morse-Apparat nach Vail, Nadeltelegraphen und Zeigertelegraphen bis zum Typendruck-Telegraphen von Hughes und der Legung der Transatlantik Kabel, behandelt. Interessante Bilder, mit Vorzug von französischen Geräten, vervollständigen das Werk.

L. Michaut, M. Gillet: Lecons Elemetaires Telegraphie Electrique. Paris 1885

In diesem Buch wird die Telegraphie in allgemein verständlicher Sicht dargestellt. Neben den physikalischen Grundlagen wird der Morse-Apparat und die für die Leitungsverbindung notwendigen Neben-Apparate, wie Blitzschutz, Isolatoren, Wecker u.a., besprochen.

Laurencin 1877

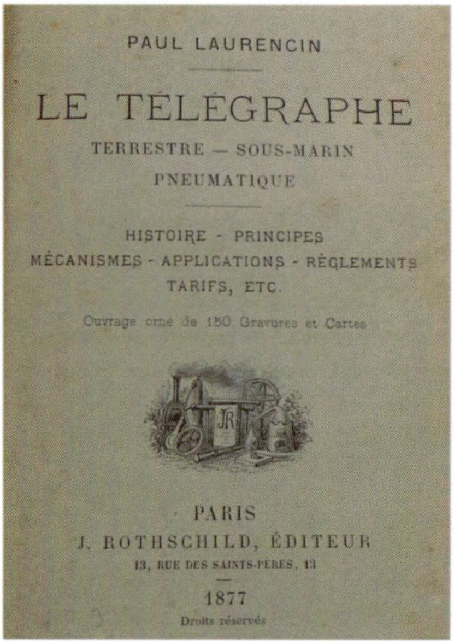

Laurencin 1877

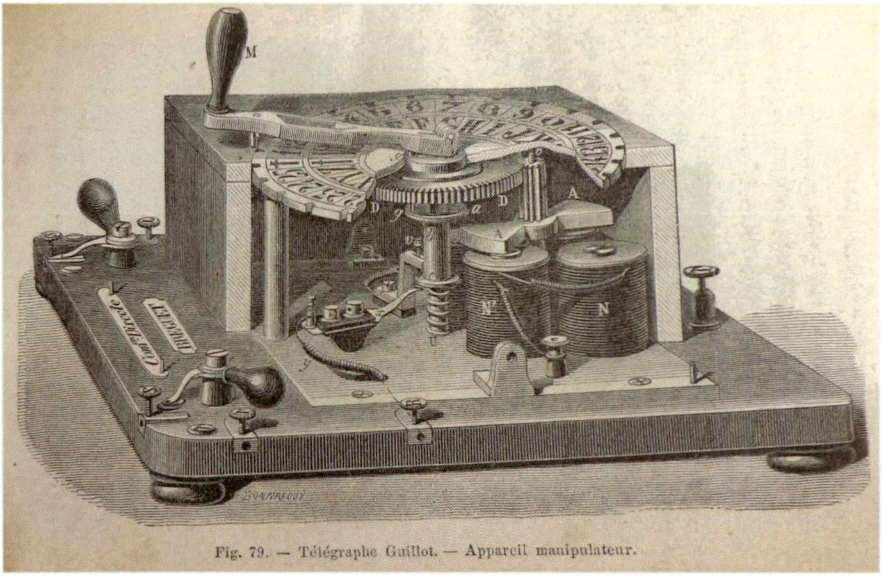

Magnetinduktions-Zeigertelegraph von Guilett, Laurencin 1877

Vereinigte Staaten von Amerika

George B. Prescott: Electricity and the Electric Telegraph, Vol I, 1885, Vol II, 1888, New York

Das Werk von Prescott wurde in den USA wiederholt aufgelegt. Die hier vorliegende 6. Auflage von Vol I (1885) und 7. Auflage von Vol II (1888) enthält alle für die damalige Zeit wichtigen Systeme der elektrischen Telegraphie. Dies nicht nur die amerikanischen Systeme betreffend, sondern es werden auch die Systeme der Zeit, wie diese in den europäischen Staaten eingeführt worden sind behandelt. Die 670 ausgezeichneten Illustrationen, die in diesem Werk gezeigt werden, erhöhen die Bedeutung dieses Buches. Es gibt in deutscher Sprache kein damit vergleichbares Werk.

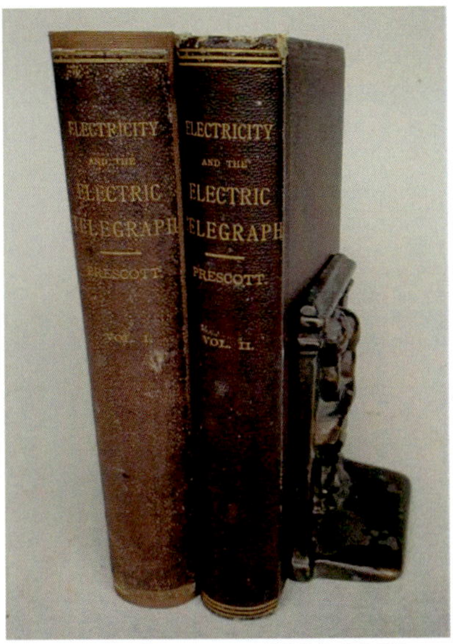

Prescott 1885,1888

österr. Telegraph nach Ekling. Prescott 1885

österr. Batterietaste, Prescott 1885

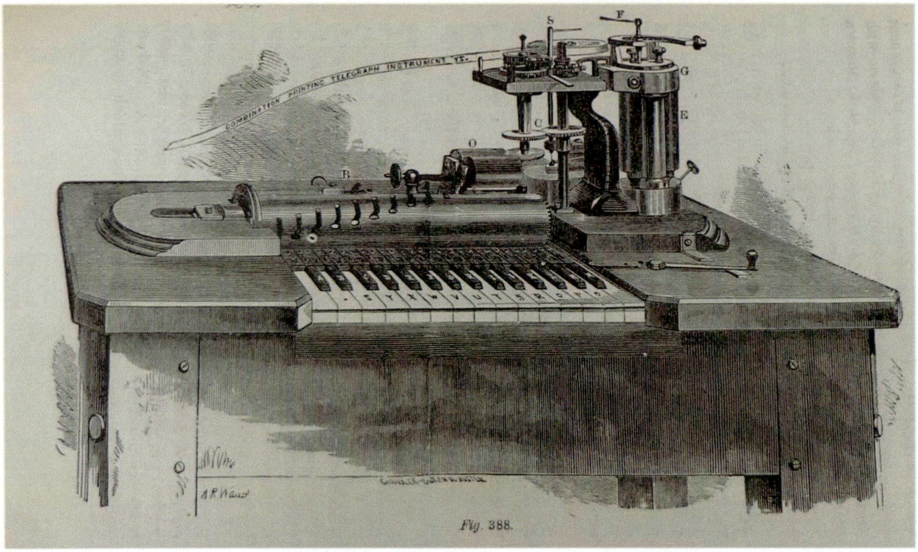

Telegraph von House, Prescott 1885

Phelps Börsendrucker, ABC Telegraph von Wheatstone,
Prescott 1885

Typendrucktelegraphen und spezielle Systeme

Der Telegraph von Hughes

Ohne Zweifel hat die Telegraphentechnik mit dem Typendruck- Telegraph des Amerikaners David E. Hughes aus dem Jahre 1855 einen gewaltigen Fortschritt erlebt. Der „Hughes Telegraph", wie dieser Telegraph im Allgemeinen bezeichnet wird, konnte sich allerdings in den Vereinigten Staaten von Amerika nicht durchsetzen. Hughes versuchte daher seinen Apparat in Europa bekannt zu machen und fand dafür zuerst in Frankreich Interesse, wo er ab 1861 bei der französischen Telegraphenverwaltung zum Einsatz gelangte. Vom Pariser Mechaniker Froment wurde er dafür in verschiedenen Details verbessert. Wegen der historischen Bedeutung der Konstruktion soll hier versucht werden die Funktion zu erklären.

Die Eingabe der alphanumerischen Zeichen geschieht beim Hughes-Telegraphen mittels einer Klaviatur, die aus 28 Tasten besteht. 26 Tasten sind für die Zeichen, die restlichen beiden Tasten sind für den Zwischenraum und für die Umschaltung zwischen Buchstaben und Ziffern und Interpunktionszeichen reserviert. Jeder Taste der Klaviatur entspricht einer der Stifte, die in einem Kreis in einer Büchse angeordnet sind. Bei Drücken einer Taste wird der zugehörige Stift der Büchse gehoben und gleichzeitig ein darüber angeordneter Kontaktschlitten in Drehung versetzt. Damit wird, abhängig von der Stellung des angehobenen Stiftes mittels des sich drehenden Schlittenkontaktes ein kurzer Impuls erzeugt und als Sendesignal ausgesandt. Jeder Taste der Klaviatur ist somit im Zeitrahmen, wie dieser durch die kreisförmig angeordneten 28 Stifte definiert wird, ein davon bestimmtes Zeitintervall für den zugeordneten Impuls zugeteilt. Der „Hughes Code" besteht also aus zeitlich voneinander verschiedenen einzelnen Impulsen. Im Empfänger wird bei Eintreffen eines Impulses vom Empfangsmagneten mit einem Auslösmechanismus, auch „Echappement" genannt, ein Druckvorgang ausgelöst. Dabei wird der Papierstreifen zum richtigen Zeitpunkt auf das Typenrad gedrückt. Dieses hat sich kontinuierlich synchron mit dem Kontaktschlitten des sendenden Apparates zu drehen. Ein genaue Synchronisierung des Laufes des sendenden Apparates mit dem Empfänger ist für die Funktion daher wesentlich. Der dazu erforderliche Gleichlauf wird durch einen mechanischen Regler erreicht. Zur Erzielung des Gleichlaufes ist zu Beginn einer Übertragung ein „Spielen mit dem Hughes Apparat", heute würde man von der Ausführung eines Startprotokolls sprechen, notwendig. Der Antrieb geschah bei den ersten Hughes Telegraphen mittels eines mit Gewichten angetriebenen Räderwerkes. Später wurde dafür ein Elektromotor eingesetzt. Dafür war, zur Abfederung der Stöße bei der Einschaltung eine elastische Kupplung notwendig. Gegenüber dem Morse Betrieb wurde mit dem Hughes Telegraphen eine etwa zwei bis dreifache

Geschwindigkeit erreicht. Bei oberirdischen Leitungen konnte ohne Zwischenschaltung eines Relais eine Distanz bis zu 700 km überbrückt werden. Gegenüber dem Morse System konnte für Telegramme die Geschwindigkeit auf das dreifache erhöht werden.

In Österreich wurde der Betrieb mit dem Hughes Telegraphen im Jahre 1867 eingeführt. Wichtige technische Verbesserungen wurden dafür in Zusammenarbeit mit dem Erfinder Hughes durch den Wiener Konstrukteur und Mechaniker Otto Schäffler durchgeführt. Zur Entlastung der Hughes-Beamten vom Heben der schweren Gewichte des Antriebes mittels eines Fußpedals wurden dafür in Österreich ab1892 Elektromotore eingesetzt. Das Ein- und Ausschalten der Apparate musste bei diesem „kombinierten Antrieb“ durch den Beamten selbst geschehen. Zur Realisierung eines direkten Antriebes mit automatischer Ein- und Ausschaltung wurde von der Vertretung der Firma Siemens & Halske in Wien ab 1896 Elektromotore in die Hughes- Apparate der k.k. Telegraphenzentrale eingebaut. Im Jahre 1900 waren bereits 40 Hughes Apparate damit ausgestattet. Um den plötzlichen Stoß, der zu einer raschen Abnützung des Triebrades führte, wurde von der Fa. Czeija, Nissl und Co. eine spezielle elastische Kupplung eingebaut.

Dr. J.B. Stark: Der Hughes´sche Typendruck-Telegraph, Wien 1868

Das Buch von Stark beschreibt die erste Ausführung des Hughes Telegraphen, wie dieser von der französischen Firma Froment unter Anleitung von Professor Hughes gebaut wurde. Es handelt sich dabei um einen Separat-Abdruck aus der Zeitschrift „Das Telegramm“. Die Ausführungen beschreiben im Detail den Aufbau und die Funktionsweise des Gerätes. Mit großen lithographischen Tafeln wird dies unterstützt.

J.N. Teufelhart: Der Fingersatz beim Hughes-Apparate, Wien 1889

Das Verfassen von Telegrammen am Hughes Telegraphen erfordert eine Schulung. Gegenüber dem Erlernen des Schreibens auf einer Schreibmaschine in der heutigen Zeit, war aber das Erlernen des Schreibens auf dem „Hughes“ schwieriger. Das Buch von Teufelhart enthält eine Anzahl von Übungen dazu und gibt Ratschläge wie man auf dem Hughes Apparat am besten „spielen“ kann.

J. Sack: Der Druck-Telegraph Hughes, Wien 1884
Alois Gruber und Rudolf Glaser: Der Hughes-Apparat, Linz a/D. 1916
Hans Napotnik: Der Hughes-Telegraphenapparat, Wien 1918

Die Bücher von Sack (erschienen im Verlag Hartleben, Wien) Gruber und Glaser sowie Napotnik (beide im Selbstverlag der Autoren erschienen) sind Lehrbücher um „Hughisten" (so wurden in Österreich Postbeamte genannt, die in der Lage waren auf dem Hughes Telegraphen zu schreiben) und vor allem Mechaniker mit den Modellen von Hughes Apparaten wie diese in Österreich-Ungarn in der jeweiligen Zeit in Betrieb waren, vertraut zu machen.

Stark,Teufelhart,Sack,Napotnik,Gruber

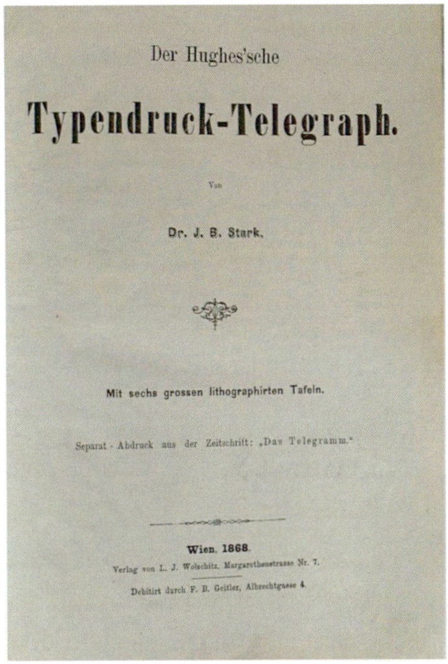

Stark 1868

Teufelhart 1889

Mehrfach-Telegraphie

In der Telegraphie stellte man sich bereits sehr bald Frage, ob es nicht möglich wäre, dass auf einer Leitung gleichzeitig zwei oder mehrere Verbindungen unabhängig voneinander hergestellt werden können. Man spricht dann bei zwei Stationen von „Doppelsprechen". Ähnlich dazu hat man nach Verfahren gesucht, mit denen es möglich gemacht wird, dass zwischen zwei Stationen gleichzeitig in beiden Richtungen eine Verbindung besteht. Man spricht in diesem Fall von „Gegensprechen" oder auch von einem „Duplexbetrieb".
Beides sind Arten der „Mehrfach-Telegraphie".

A.E. Granfeld: Die Mehrfach-Telegraphie, Wien 1885
Prof. Dr. Karls Eduard Zetsche: Amerikanische Schaltungen für die mehrfache Telegraphie, Halle 1894

Das Buch von Granfeld (Band XXV der Elektro-Technischen Bibliothek" des Verlages Hartleben, Wien) behandelt alle Arten der Mehrfach- Telegraphie sowie auch die Vielfach-Telegraphie nach dem System von Meyer für die Morse-Telegraphie und mit dem Baudot- System. Das Buch von Zetsche betrifft die in den Vereinigten Staaten von Amerika bekannt gewordenen Verfahren der Mehrfach-Telegraphie.

K. Berger: Das gleichzeitige Telegraphieren und Fernsprechen und das Mehrfachfernsprechen, Braunschweig 1910
A. Kraatz: Mehrfach-Telegraphen, Braunschweig 1914

Diese beiden Werke gehören schon in die Zeit in der neben der Telegraphie bereits das Fernsprechen eine Bedeutung für Fernverbindungen erhalten hatte.
Das Buch von Berger zeigt, wie Fernsprech Verbindungen mit speziellen Schaltungen zugleich auch für die Telegraphie verwendet werden können. Kraatz behandelt im ersten Teil die Mehrfach-Telegraphie mit dem Baudot System. Im zweiten Teil wird die Doppeltelegraphie ausführlich dargestellt. Dies auch für die Möglichkeit die bei Verbindungen mit dem Hughes Telegraphen dafür gegeben sind. Das Buch von Berger wie auch das von Kraatz sind in der vom bekannten Fachmann für Telegraphie Th. Karrass herausgegebenen Serie „Telegraphen- und Fernsprechtechnik" erschienen.

Granfeld,Zetsche,Berger,Kraatz

Granfeld

Berger 1910

Kraatz 1914

Spezielle Telegraphie Systeme

Dr. Karl Eduard Zetsche: Die Copirtelegraphen, die Typendrucktelegraphen und die Doppeltelegraphie, Leipzig 1865

Der bekannte Fachmann für Telegraphie Dr. Karl Eduard Zetsche aus Chemnitz beschreibt in diesem seltenen Werk in drei Abteilungen, die neben der Morse-Telegraphie entstandenen Telegraphie-Systeme. In der Ersten Abteilung (S. 9-38) werden die „Copirtelegraphen", die ersten Systeme zur Schaffung der Bildtelegraphie, behandelt. Dies sind die Systeme von Bakewell, Bain, Hipp, Du Moncel, Brooman und Caselli. Die Zweite Abteilung „Typendrucktelegraphen" (S. 39- 104) beschreibt die verschiedenen Systemen, die eine direkte Verwendung alphanumerischer Zeichen in der telegraphischen Übertragung ermöglichen. Die erste Erfindung dazu wurde bereits im Jahre 1839 von Alfred Vail, damals ein wichtiger Mitarbeiter von Samuel Morse gemacht. Zetsche bespricht im Ganzen nicht weniger als 19 Erfindungen von Typendrucktelegraphen, unter diesen natürlich die bekannten Geräte von Hughes und House in den USA und von Breguet und Digney in Frankreich. Die Dritte Abteilung „Die Doppeltelegraphie" (S. 105- 198) behandelt die verschiedenen Erfindungen die das Gegensprechen (16 verschiedene Systeme darunter das von Gintl, Frischen und Discher), das Doppelsprechen (7 verschiedene Systeme (darunter das von Stark, Siemens und Halske und Kramer) und das Doppel-und Gegensprechen , den„Voll-Duplex Betrieb" also, ermöglichen.

A.Kraatz: Maschinen-Telegraphen, Braunschweig 1906

Maschinen-Telegraphen sind, allgemein gesprochen, Telegraphen-Systeme bei denen das Senden und auch das Empfangen von Telegrammen automatisch, d.h. ohne die Hilfe eines Telegraphisten, erfolgt. Im Werk von Kraatz werden dazu die Systeme von Wheatstone, Creed, Buckingham, Donald Murray, Pollak und Virag und von Siemens und Halske mit einiger Genauigkeit behandelt.

Kurzer Bericht über die Telegraphie nach Cerebotani (ca 1900)

Es handelt sich bei diesem Werk (30 Seiten in Großquart-Format) um die von Professor Dr. Cerebotani, München, gemachten Erfindungen zur Telegraphie. Herausgegeben wurde es vom Patent-Bureau Joh. Friedr. Wallmann & Co, Berlin und München. Im 1. Teil geht es um Systeme zur Bildung der Morsezeichen mittels der von Cerebotani dazu erfundenen „Morseschrift-Klaviatur" und eines Systems zur „Handschrift-Übermittlung" bei dem handschriftliche Aufzeichnungen direkt in Morseschrift übersetzt werden.

Der 2. Teil befasst sich mit Erfindungen zur Vielfachtelegraphie in denen die im 1. Teil behandelten Geräte eingesetzt werden. Der 3. Teil („Autometeoro-Telegraphie") verwendet die Ergebnisse von Teil 1, besonders davon die Konzepte zur Handschrift-Übermittlung, zur Konstruktion von Systemen zur telegraphischen Übertragung von meteorologischen Daten, wie diese etwa von Thermometer, Barometer, Hygrometer und Anemometer abgenommen werden können.

L. Kohlfürst und Prof. Dr. K.E. Zetsche: Elektrische Telegraphen für besondere Zwecke, Berlin 1881

Dieses umfangreiche Werk von 864 Seiten stellt den IV. Band des von Dr. Zetsche herausgegebenen Handbuches der Elektrischen Telegraphie dar.Es behandelt im ersten Abschnitt ausführlich die verschiedenen im Telegraphen- und Signaldienst eingesetzten Klingeln und Wecker. Der Zweite Abschnitt ist den elektrischen Haus- und Stadttelegraphen sowie den elektrischen Abstimmungstelegraphen (zur bequemen Erfassung der Stimmenanteile bei Wahlen) gewidmet. Der umfangreiche vierte Abschnitt (S. 143-864) bei dem wahrscheinlich Kohlfürst als bekannter Fachmann für Eisenbahnen einen großen Anteil leistete, gilt den elektrischen Eisenbahntelegraphen und den elektrischen Eisenbahnsignalen. Die in den Text gedruckten 668 Holzschnitte und die 10 beigegebenen statistischen Tafeln stellen eine Bereicherung dieses Werkes dar.

P. Jenisch: Haustelegraphie, Berlin 1900
Molitor: Leifaden zur Einrichtung einfacher Feuertelegraphen-Anlagen, Leipzig 1908
Dienstbehelf für Erdtelegraphie, October 1918 (GEHEIM)

Beim Buch von Jenisch (274 Seiten) handelt es sich um eine gemeinverständliche Anleitung zum Bau und Betrieb von Haustelegraphen (Tableau-Anlagen für die Verbindungen von Hotelzimmern zur Rezeption, oder für Rufzwecke im häuslichen Bereich), von Haustelephonen und Sprachrohr-Anlagen sowie auch von Blitzableiter. Mit 315 Abbildungen wird das Verständnis erleichtert.

Die Broschüre von Molitor (98 Seiten) behandelt die Einrichtung von Feuerwehr-Alarmanlagen verschiedenster Art und zeigt an Beispielen die Anlagen in Leipzig.

Im Ersten Weltkrieg war es schwierig zu den vordersten Linien (Schützengräben) mittels einer Drahtleitung einen telephonischen oder telegraphischen Kontakt herzustellen und in Betrieb zu halten. Als Ausweg wurde versucht

„drahtlos" dies zu bewerkstelligen. Für die bereits existierende drahtlose Telegraphie gab es jedoch noch keine dafür geeigneten Geräte. Einen Ausweg bot die sogenannte „Erdtelegraphie", bei der über das Erdreich Telegraphierströme übertragen werden konnten. Der vorliegende Dienstbehelf des k.u.k. Armeekommandos, versehen mit dem Hinweis „GEHEIM", informiert über die Technik der Erdtelegraphie und auch über die Mittel des Abhorchens feindlicher Erdtelegraphie-Signale. Dafür diente ein spezieller mit Elektronenröhren ausgestatteter Horchverstärker, der auch genau beschrieben wird. Die Broschüre in Groß-Quart ist mit 54 Figuren illustriert.

Kohlfürst-Zetsche,Jenisch,Molitor

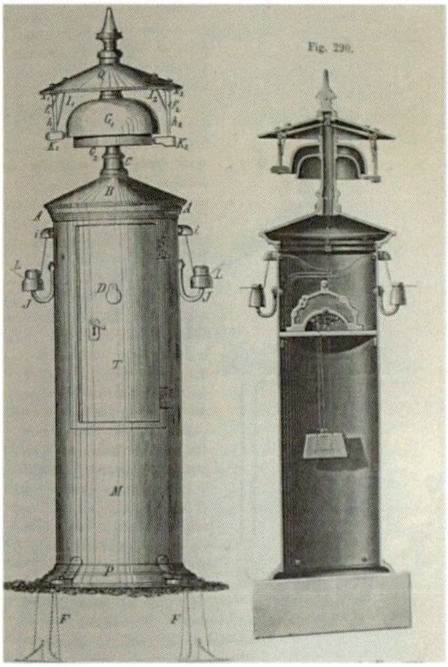

Läutwerke, Kohlfürst-Zetsche 1881

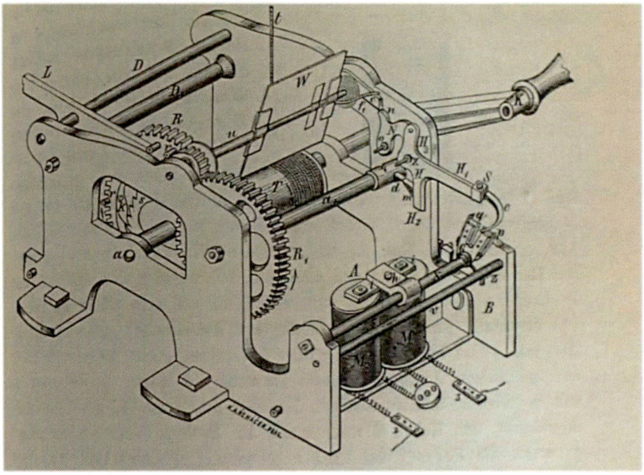

Läutwerk, Kohlfürst-Zetsche 1881

Telegraphie und Signaltechnik bei den Eisenbahnen

Die elektrische Telegraphie und die allgemein gegebene Möglichkeit der Übertragung elektrischer Signale über räumliche Entfernungen erhielten von beginn weg das Interesse der Eisenbahnen. In diesem Zusammenhang entstanden eine Reihe von Büchern zur Telegraphie und zur elektrischen Signaltechnik, die speziell auf die Erfordernisse der Eisenbahnen ausgerichtet waren.

Deutschland

C. Kohlfürst: Die elektrischen Telegraphen und Signalmittel, Stuttgart 1893

Das Buch von Kohlfürst entstand, wie der Verfasser in dem Vorwort bemerkt, im Anschluss an die „Internationale Elektrische Ausstellung in Frankfurt 1891“ auf der die für die Eisenbahnen eingerichtete Telegraphen- und Signaltechnik durch Aussteller aus England, Schweiz, Österreich-Ungarn und in besonderem Maße aus Deutschland gezeigt wurde. Der größte Teil des Buches ist den Signaleinrichtungen, Sicherungsanlagen und den Kontrolleinrichtungen (S, 47-242).

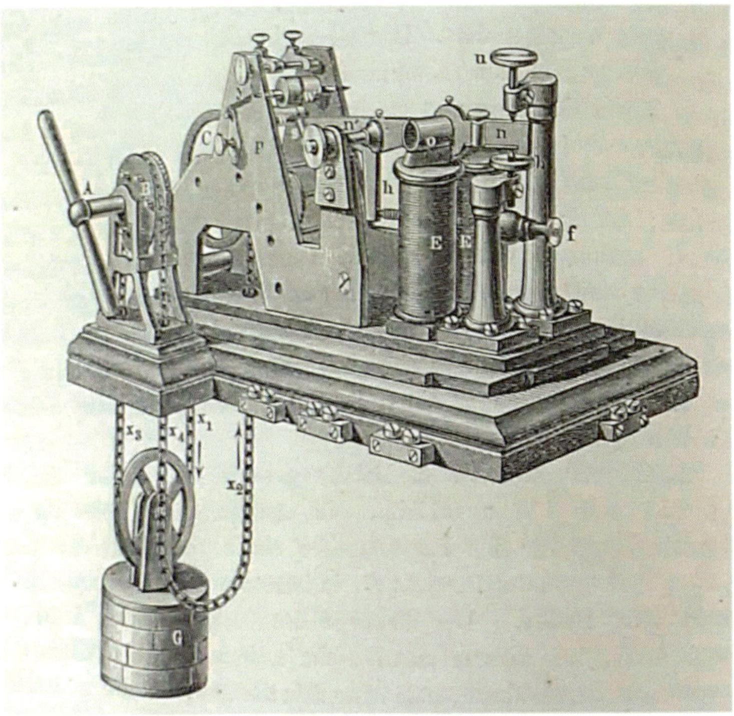

Telegraph von Siemens & Halske, Kohlfürst 1893

E. Schubert: Die Sicherungswerke im Eisenbahnbetriebe, Wiesbaden 1895

Das Buch von Schubert ist als Lehr- und Nachschlagebuch für Eisenbahn-Betriebsbeamte und Studierende des Eisenbahnwesens gedacht und enthält neben einer Einführung in die physikalischen Grundlagen der elektrischen Telegraphie und in die Morse-Telegraphie selbst, weitere Abschnitte über Blockwerke und Signal- und Weichenstellwerke.

Schubert 1895

Stellwerk, Schubert 1895

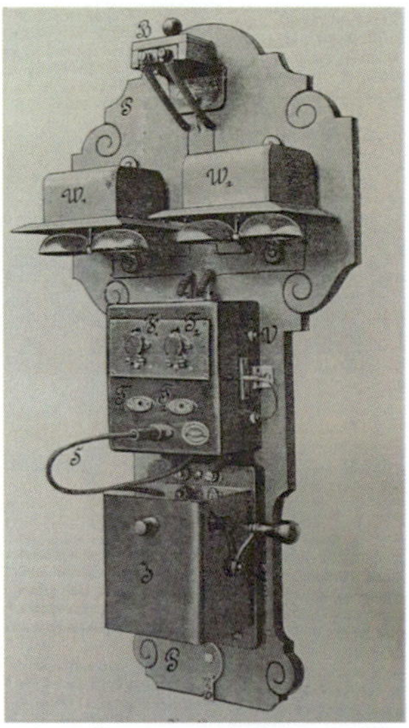

Signalkasten,Schubert 1995

Beleuchtungswagen, Schubert 1895

Österreich

Alexander Szavul: Die elektrischen Eisenbahntelegrafen und Signaleinrichtungen, Lemberg 1877
Josef Glassner: Die Eisenbahn-Telegrafie, Wien 1880
A.Prasch: Handbuch des Telegraphendienstes der Eisenbahnen, Wien 1884
J.Kareis und F. Bechtold: Katechismus der Eisenbahn-Telegraphie. Wien 1883

Alle vier angeführten Werke haben als Hauptziel Eisenbahnbeamte mit den technischen und betrieblichen Erfordernissen des Telegraphen- und Signalbetriebes vertraut zu machen. Für die Telegraphie soll als österreichische Eigenart der Glockentelegraph genannt werden. Bei diesem werden von Hand aus (mit dem „Bussolentaster") oder automatisch durch ein mittels eines Federwerkes Gruppen von elektrischen Impulsen gesendet, die im Empfänger registriert wurden und als Einschlag-Glockensignale mittels Wächterläutwerke oder Bureauschlagwerke hörbar gemacht wurden. Im Katechismus für Eisenbahn-Telegraphie von Kareis und Bechtold werden 277 Fragen zur Eisenbahn-Telegraphie und dem Eisenbahn Signalwesen gestellt und die zugehörigen Antworten gegeben. Der Text des Buches wird durch 80 Figuren dargeboten auf XV Tafeln illustriert.

R. Bauer, A. Prasch, O. Wehr: Die elektrischen Einrichtungen der Eisenbahnen, Wien 1902

Dieses Buch kann als Standardwerk für das österreichische Eisenbahnwesen, die Telegraphie und das Signalwesen betreffend, angesehen werden. Es enthält in großen technischen Detail alle wichtigen Systeme und zugehörige Komponenten. Neben den physikalischen Grundlagen wird auch die Telegraphie eingehend behandelt. Der größere Teil des Buches ist aber den elektrischen Eisenbahnsignalen gewidmet (S.152- 333). Neben den Glockensignalen werden auch die Distanzsignale, die Controlsignale, die Blocksignale und die elektrischen Sicherungseinrichtungen für die Fahrt der Züge über Weichen in großem Detail behandelt. 318 Abbildungen und 3 ausfaltbare Tafeln ergänzen das Werk.

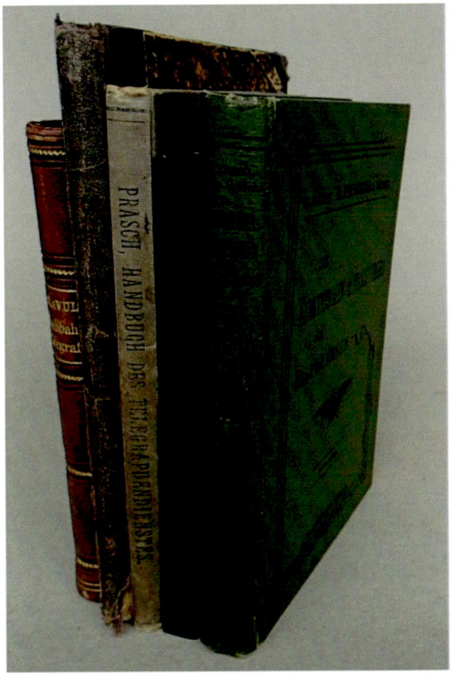

Szavul,Glassner,Prasch, Kareis-Bechtold

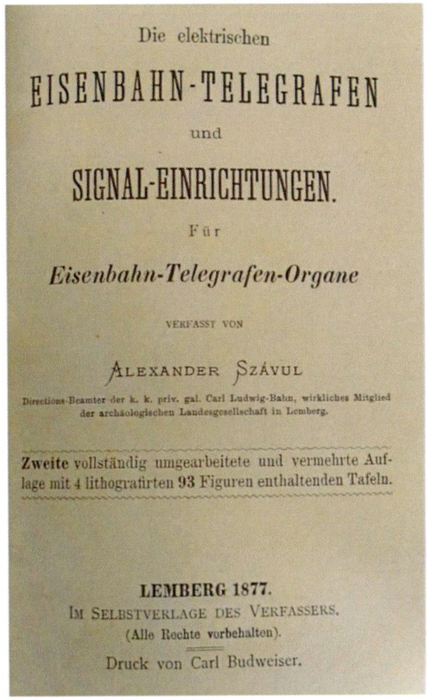

Szavul 1877

Prasch 1884

Bauer-Prasch,Wehr, 1902

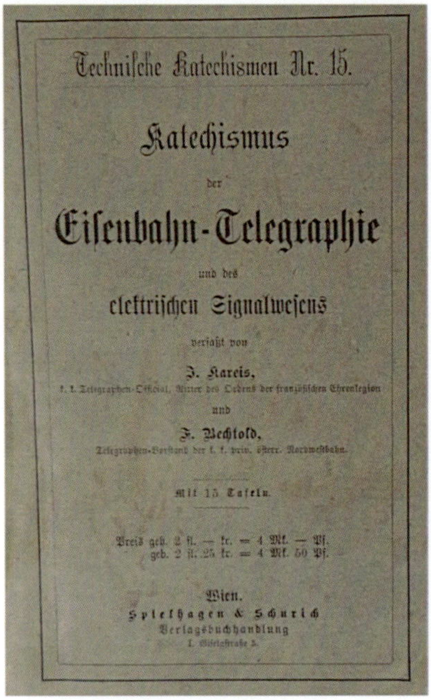
Technische Katechismen Nr. 15.

Katechismus der Eisenbahn-Telegraphie und des elektrischen Signalwesens

verfaßt von

J. Kareis,
k. k. Telegraphen-Official, Ritter des Ordens der französischen Ehrenlegion

und

J. Bechtold,
Telegraphen-Vorstand der k. k. priv. österr. Nordwestbahn.

Mit 15 Tafeln.

Preis geh. 2 fl. — kr. = 4 Mk. — Pf.
geb. 2 fl. 25 kr. = 4 Mk. 50 Pf.

Wien.
Spielhagen & Schurich
Verlagsbuchhandlung

Kareis Bechtold 1883

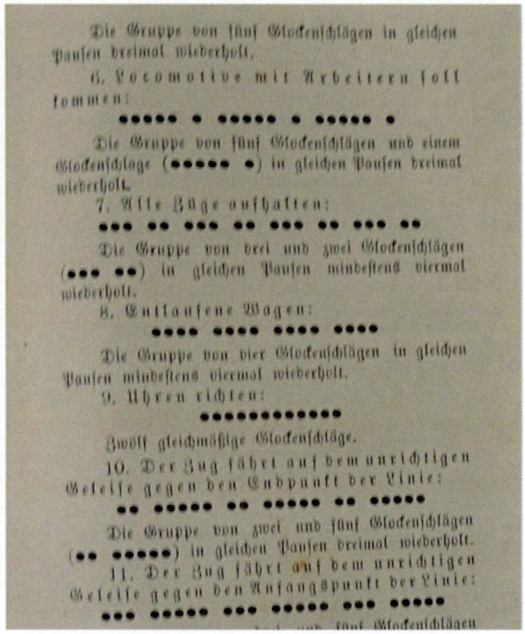
Die Gruppe von fünf Glockenschlägen in gleichen Pausen dreimal wiederholt.

6. Locomotive mit Arbeitern soll kommen:

••••• • ••••• • ••••• •

Die Gruppe von fünf Glockenschlägen und einem Glockenschlage (••••• •) in gleichen Pausen dreimal wiederholt.

7. Alle Züge aufhalten:

••• •• ••• •• ••• •• ••• ••

Die Gruppe von drei und zwei Glockenschlägen (••• ••) in gleichen Pausen mindestens viermal wiederholt.

8. Entlaufene Wagen:

•••• •••• •••• ••••

Die Gruppe von vier Glockenschlägen in gleichen Pausen mindestens viermal wiederholt.

9. Uhren richten:

••••••••••••

Zwölf gleichmäßige Glockenschläge.

10. Der Zug fährt auf dem unrichtigen Geleise gegen den Endpunkt der Linie:

•• ••••• •• ••••• •• •••••

Die Gruppe von zwei und fünf Glockenschlägen (•• •••••) in gleichen Pausen dreimal wiederholt.

11. Der Zug fährt auf dem unrichtigen Geleise gegen den Anfangspunkt der Linie:

••• ••••• ••• ••••• ••• •••••

Glockensignale, Kareis-Bechtold 1883

Werke zur Morsetelegraphie 1890- 1920

Deutschland

Raddatz: Der Technische Telegraphendienst, Frankfurt (Oder) 1890
O. Canter: Der technische Telegraphendienst, Breslau 1892

Die beiden Bücher von Raddatz und Canter verfolgen das Ziel das physikalisch-technische Grundwissen, das von einem Beamten im deutschen Telegraphendienst in dieser Zeit verlangt wurde, darzustellen. Raddatz beschränkt sich dabei auf das Notwendigste während Canter dabei etwas genauer ist und schöne Abbildungen der Telegraphen-Instrumente aufweist.

Dr. Karl Strecker: Die Telegraphentechnik, Berlin 1904
Dr. Karl Strecker: Die Telegraphentechnik, Berlin 1919

Dies sind Neuauflagen des bereits früher erschienenen Werkes von Grawinkel und Strecker. Es werden darin alle wichtigen Grundlagen zum Verständnis der elektrischen Funktion von Telegraphie-Systemen der verschiedensten Art und auch die dafür benötigten Stromquellen, wie galvanische Elemente, Sekundärelemente, Polwechsler und Kurbelinduktor behandelt. Bei den Telegraphenapparaten werden neben dem Morse-Apparat und dem Hughes-Apparat auch das Baudot System, der Siemens Schnelldrucker, der Siemens Ferndrucker, der Maschinentelegraph von Wheatstone und der im Seekabelbetrieb eingesetzte Undulator von Lauritzen dargestellt. Zum Telegraphenbetrieb werden neben den dazugehörigen sonstigen technischen Einrichtungen auch die Telegraphenschaltungen und die Störungsbehebung Genauer besprochen. Im letzten Teil werden die Fernsprechapparate, die inzwischen für den Telegrammverkehr eine Rolle bekommen haben, sowie die Vermittlungsstellen, wobei in der Ausgabe von 1919 auch die automatischen Vermittlungen (Selbstanschlussämter) behandelt werden.

Dr. Johannes Russner: Grundzüge der Telegraphie und Telephonie,
Hannover 1902

Russner, Professor an der Königl. Gewerbe-Akademie in Chemnitz, verfasste sein Buch mit dem Ziel, den Studierenden der Elektrotechnik eine Ergänzung zur Ausbildung in Telegraphie zu geben. Dieses wichtige Fach zu den Anwendungen der Elektrizität kam nach seiner Ansicht in der üblichen Ausbildung zu kurz. Die Vielfalt der behandelten Themen ist beachtlich. Neben der Telegraphie, werden auch die Kabel-Telegraphie, die mehrfache Telegraphie, die Kopiertelegraphen, die Funken-Telegraphie, die Haustelegraphie und auch die Telephonie in einzelnen Kapiteln behandelt.

E. Ruhmer: Neuere elektrophysikalische Erscheinungen Teil I (Fortschritte auf dem Gebiet der Telegraphie und Telephonie), Berlin 1906

Ernst Ruhmer gehörte in Deutschland um die Jahrhundertwende zu den wichtigen Wissenschaftlern und Erfindern im gebiet der Nachrichten- und Funktechnik. In diesem seltenen Werk behandelt er die neuen Apparate die im Gebiet der Telegraphie und auch Telephonie von aktuellem Interesse waren. Die Einzelnen Kapitel lauten: Schnelltelegraphen-Apparate, Mehrfachtelegraphen-Apparate, Kabeltelegraphen-Apparate, Ferndrucker, Telautographen, Kopierautographen. Das Buch ist als eine wissenschaftliche Monographie verfasst von einem ausgezeichneten Fachmann einzustufen.

Raddatz, Canter,Strecker, Russner, Ruhmer

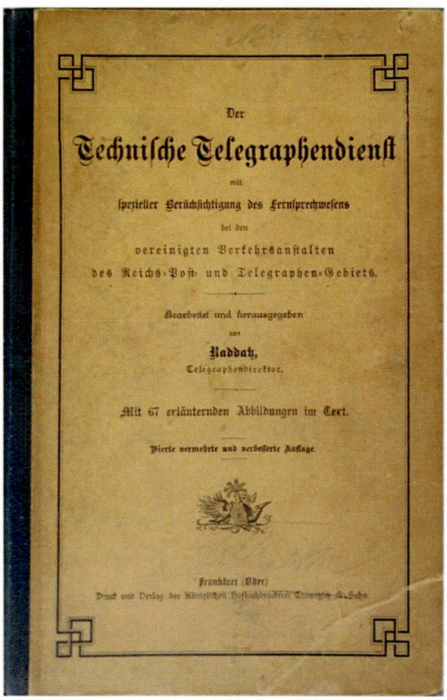

Raddatz 1890

Canter 1892

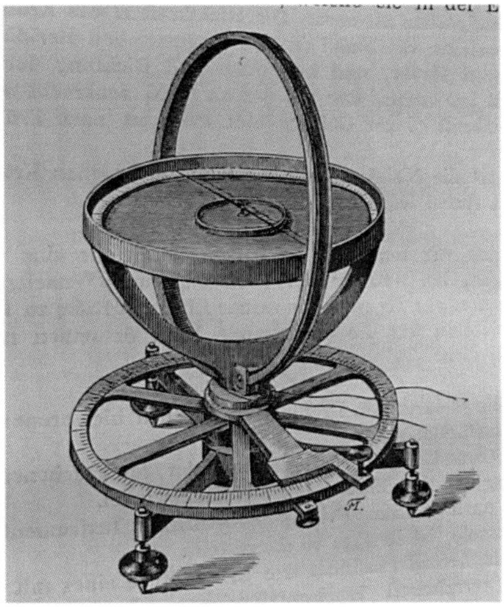

Bussole, Canter 1892 Sinusbussole, Canter 1892

Hughes Telegrap, Canter 1895

Georg Schmidt: Elektrische Telegraphie, Leipzig 1906

Georg Schmidt setzte sich in seinem Buch das Ziel ähnlich zu Galle und Zetsche ein Handbuch zur Elektrischen Telegraphie zu schaffen, das alle bisher eingeführten technischen Geräte und deren Anwendung in verschiedenen praktischen Bereichen einschließt. Mit seinem 474 Seiten starken Buch und den in den Text gedruckten 484 ausgezeichneten Abbildungen ist ihm dies weitgehend gelungen. Die Akzeptanz ist durch die hohe Zahl der Auflagen bewiesen.

Werner von Siemens und Leo Graetz: Die elektrische Telegraphie, Berlin 1906

H. Brick: Die Telegraphen- und Fernsprechtechnik, Leipzig 1908

Die kleine Schrift zur elektrischen Telegraphie verfasst von Werner Siemens im Jahre 1866 wurde viel gelesen und hat zu dieser Zeit bei vielen jungen Leuten das Interesse an der Elektrizität und deren Anwendung in der Telegraphie erweckt. Dies betraf auch Dr. L. Graetz, Professor an der Universität München, der sich nach 40 Jahren die Mühe machte, die Siemens´sche Schrift auf den neuen Stand zu bringen und neu herauszugeben. Die Schrift von Brick, erschienen in der Sammlung „Aus Natur und Geisteswelt", gibt ähnlich zur Schrift von Siemens und Graetz einen allgemein verständlichen Überblick zur Entwicklung der elektrischen Telegraphie und zur Telephonie. Die mitgelieferten Abbildungen geben jedoch einen gute Vorstellung von den dabei angesprochenen Gerätschaften und Systeme.

Brick, Siemens-Graetz, Schmidt

Österreich

Johann Ruzicka: Der praktische Telegrafist, Pardobitz (Böhmen) 1892

Johann Ruzicka war K.K. Postkontrolor und Docent an dem Post-und Telegrafen-Verkehrs-Lehr-Course in Prag. Das Buch war gedacht als Leitfaden zur Ablegung der Telegrafen-Verkehrs-Prüfung und als Nachschlagebuch für den ausübenden Telegrafenbeamten. Neben den notwendigen Kenntnissen zur Elektrizität und den Telegrafenapparaten, wird auch die Schemalehre (Schaltungstechnik) sowie die möglichen Störungen im Buch behandelt.Von Interesse ist, dass den Dienstvorschiften und in aller Kürze auch der „Telegrafen Geometrie", in der die Unterseekabel Beachtung finden, in diesem Werk enthalten sind.

Ruzicka 1892

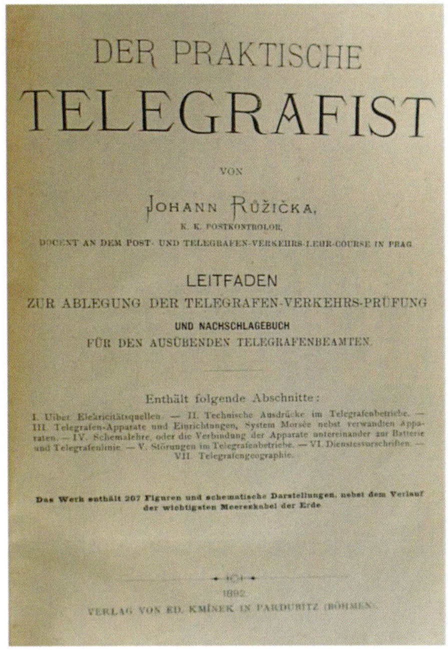

Ruszicka 1892

Hugo Leeb, Josef Alois Mayer: Der Telegraphen-und Telephondienst in Österreich, Wien 1905
Hugo Leeb, Josef Alois Mayer: Atlas zum Lehrbuch: Der Telegraphen-und Telephondienst in Österreich, Wien 1905

Dieses im Selbstverlag der Verfasser herausgegebene große Werk diente vor allem als Lehrbuch zur Vorbereitung auf die Amtsleiterprüfung und auch als Handbuch für den ausübenden Telegraphen- und Telephondienst. Das Buch erschien im Jahre 1893 zum erstenmal. Beim vorliegenden Exemplar handelt es sich um die 4. verbesserte und vermehrte Auflage. Das Buch behandelt in großer Ausführlichkeit die Themen, die ein Amtsleiter einer Telegraphen- und Telephon Dienststelle zu beherrschen hatte. Das ausführliche Inhaltsverzeichnis am Schluss des Textbandes zeigt die Vielfalt. Im Atlas werden in 130 Tafeln die 512 Figuren enthalten die im Textteil angesprochenen technischen Komponenten, Telegraphen-Instrumente und Schaltungen in genauen Zeichnungen wiedergegeben.

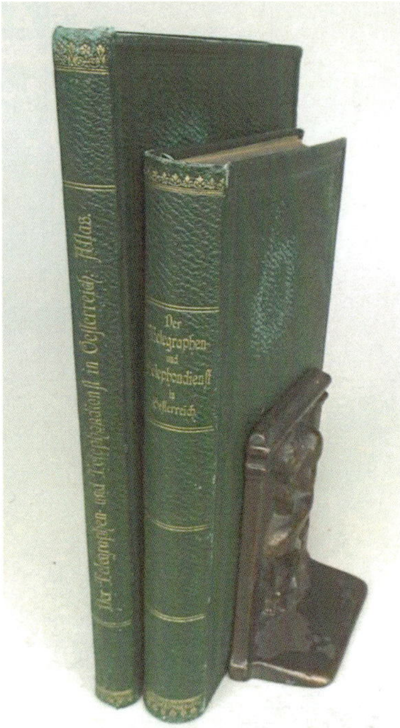

Leeb-Mayer mit Atlas 1905

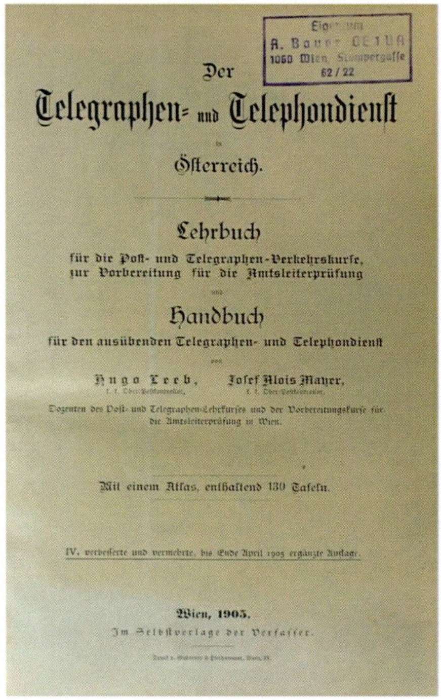

Der

Telegraphen- und Telephondienst

in

Österreich.

Lehrbuch

für die Post- und Telegraphen-Verkehrskurse,
zur Vorbereitung für die Amtsleiterprüfung

und

Handbuch

für den ausübenden Telegraphen- und Telephondienst

von

Hugo Leeb, k. k. Ober-Postkontrollor, Josef Alois Mayer, k. k. Ober-Postkontrollor,

Dozenten des Post- und Telegraphen-Lehrkurses und der Vorbereitungskurse für die Amtsleiterprüfung in Wien.

Mit einem Atlas, enthaltend 130 Tafeln.

IV. verbesserte und vermehrte, bis Ende April 1905 ergänzte Auflage.

Wien, 1905.

Im Selbstverlage der Verfasser.

Leeb-Mayer 1905

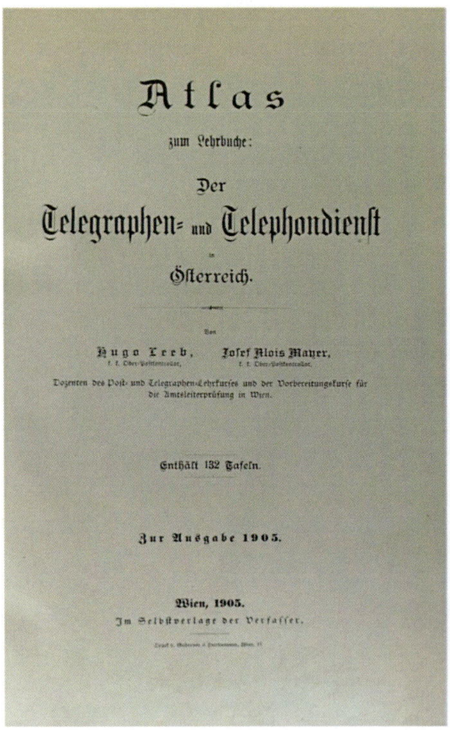

Atlas

zum Lehrbuche:

Der

Telegraphen- und Telephondienst

in

Österreich.

Von

Hugo Leeb, k. k. Ober-Postkontrollor, Josef Alois Mayer, k. k. Ober-Postkontrollor,

Dozenten des Post- und Telegraphen-Lehrkurses und der Vorbereitungskurse für die Amtsleiterprüfung in Wien.

Enthält 132 Tafeln.

Zur Ausgabe 1905.

Wien, 1905.

Im Selbstverlage der Verfasser.

Leeb-Mayer Atlas 1905

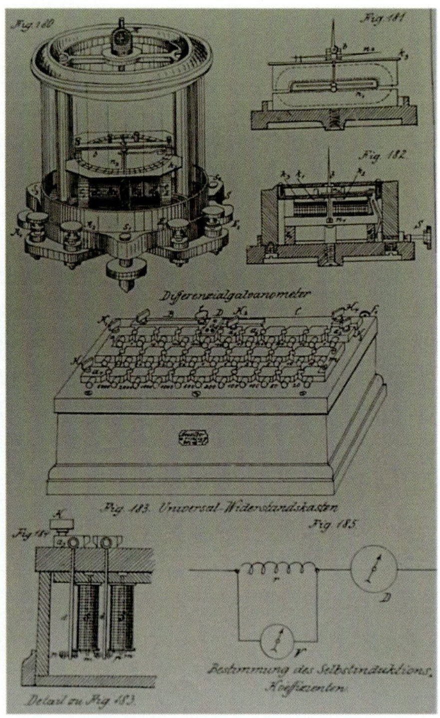

Leeb-Mayer Atlas 1905

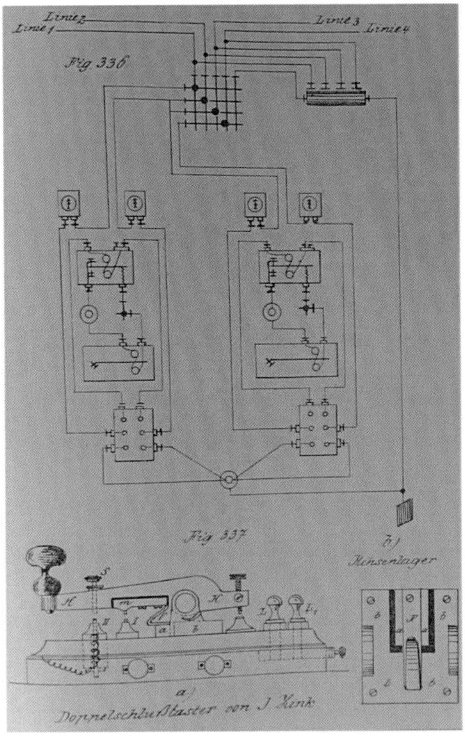

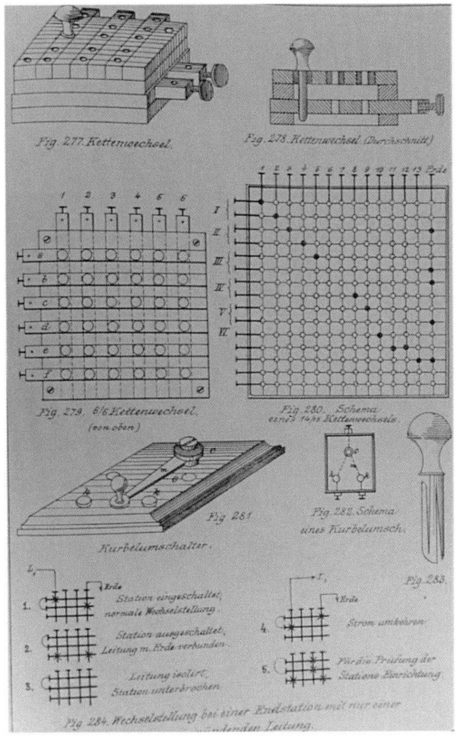

Leeb Mayer Atlas 1905 Leeb-Mayer Atlas 1905

Alois Gruber u. Rudolf Glaser: Die Telegraphen-Zentralumschalter, Linz a/D. 1909

Der Anstieg des nationalen und auch des internationalen Telegramm-Verkehrs Nach dem Jahre 1900 erforderte von der österr. Post- und Telegraphenverwaltung die Einrichtung von Schaltzentralen zum Herstellen gewünschter Verbindungen. Neben Fernverbindungen zum Ausland waren dies auch Verbindungen innerhalb der verschiedenen Kronländer der K.u.K. Monarchie. Auch mussten für große Telegraphen-Ämter Schalteinrichtungen für die Zuteilung den ankommenden und abgehenden Telegraphenverkehrs zu den einzelnen Arbeitsplätzen vorhanden sein. In diesem seltenen Werk zu heute seit mehr als 100 Jahren nicht mehr vorhandenen technischen Einrichtungen. Das achtundsiebzig Seiten starke Werk enthält neben einigen Fotografien zu

eingerichteten Umschaltern 12 große faltbare Tafeln in denen die Komponenten und die Schaltungen von Telegraphen-Umschaltern gezeigt werden.

England, Australien und USA

W.H. Preece and J. Sivewright: Telegraphy, London 1891

Dieses Lehrbuch zur Telegraphie erschien als Erstauflage bereits im Jahre 1876. Diese 9. Auflage, erschienen im Jahre 1891, also noch vor der Erfindung der drahtlosen Telegraphie durch Lodge und Marconi, enthält alle wichtigen Themen, die in England die Telegraphie betreffend zu dieser Zeit aktuell waren. Nach einer kurzen Einführung in die Lehre von der Elektrizität und zu den galvanischen Elemente, werden auf Seite 40 bis 104 unter dem Titel „Signalling Instruments", die verschiedenen Telegraphen-Instrumente, wie der Nadeltelegraph, der Morseapparat und der Hughes-Telegraph behandelt. Nach einem Kapitel über Schaltungen (engl. circuits) werden ausführlich auf Seite 120 bis 214 die verschiedenen in England eingeführten Telegraphie-Systeme besprochen. Im Einzelnen handelt es sich um die Duplex Telegraphie, die automatische Telegraphie von Wheatstone, die Telegraphie über Seekabel, den Einsatz von Translatoren (engl. repeaters) und der Multiplex.-Telegraphie.

Nach kurzer Behandlung des Telephons werden in den abschließenden Kapiteln auf Seite 238 bis 379 der Bau von Freileitungen, die Legung von Kabeln und die Messinstrumente zur Überprüfung der Leitungen betrachtet.

T.E. Herbert: Telegraphy, London 1906

Das von Herbert verfasste Buch ist ein Fachbuch zur Telegraphie in England und hat im Prinzip dem Inhalt nach den gleichen Aufbau wie das bekannte Werk von Preece und Sivewright. Da in England das Morse System eine geringe Rolle hatte, fehlt dieses. Dafür sind aber die verschiedenen in England gebräuchlichen Systeme mit Nadel-Instrumenten ausführlich behandelt. Ebenso das ABC Sytem von Wheatstone, der Typendruck-Telegraph von Steljes und der Hughes Telegraph. Den Abschluss bildet der Bau von Freileitungen.

H.W. Jenvey: Practical Telegraphy, Melbourne 1904

Das von Jenvey verfasste Lehrbuch richtet sich an den praktisch tätigen Telegraphen-Techniker. Es behandelt die Telegraphie-Systeme englischer Bauart, wie diese auch in Australien zum Einsatz kamen.

William Maver Jr: American Telegraphy, New York 1899

Dieses Buch beschreibt alle Arten von Telegraphie-Systemen, wie diese um die Jahrhundertwende in den Vereinigten Staaten von Amerika eingesetzt waren. Die ersten 4 Kapitel sind neben den galvanischen Elementen hauptsächlich der Stromversorgung von großen Telegraphenämtern gewidmet. Es folgen Kapitel zur Morsetelegraphie und zu den für Morselinien notwendigen Messgeräten und

Messmethoden. Die anschließenden Kapitel sind den Translatoren (engl. repeater) und den Methoden der Mehrfachtelegraphie (Duplex, Quadruplex) gewidmet. Es folgt das automatische System von Wheatstone. Anschließend befasst sich das Buch in kurzer Weise mit Systemen, die in Europa wenig bekannt geworden sind bzw. keine Anwendung gefunden haben. Es ist dies die „Automatic Facsimile Telegraphy“ von Denison und das „Writing Telegraph System“ von Robertson,

Preece, Herbert,Jenvey, Maver

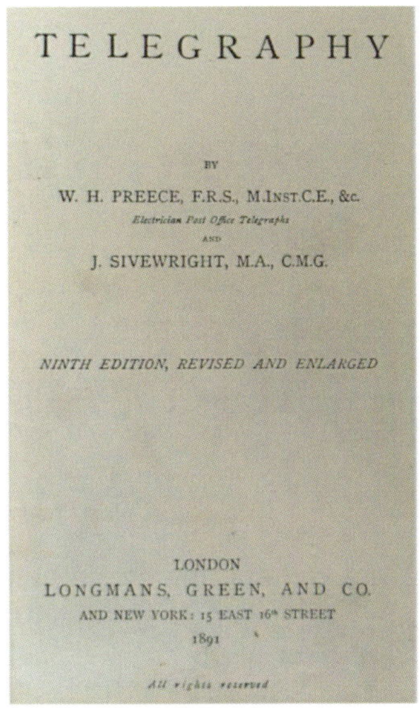

TELEGRAPHY

BY

W. H. PREECE, F.R.S., M.INST.C.E., &c.
Electrician Post Office Telegraphs
AND
J. SIVEWRIGHT, M.A., C.M.G.

NINTH EDITION, REVISED AND ENLARGED

LONDON
LONGMANS, GREEN, AND CO.
AND NEW YORK: 15 EAST 16th STREET
1891

All rights reserved

Preece 1891

Herbert 1906

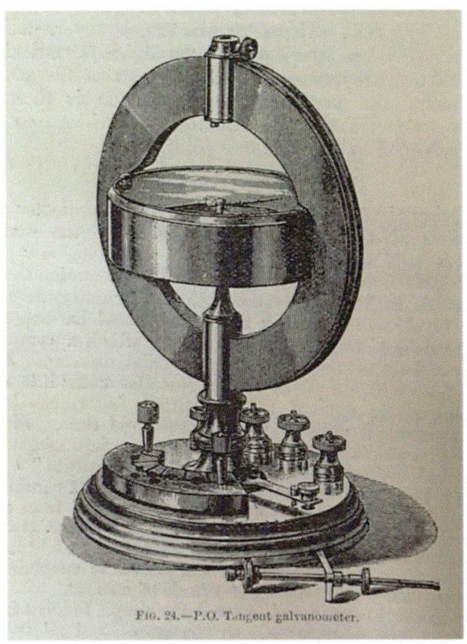

Tangentenbussole, Herbert 1906

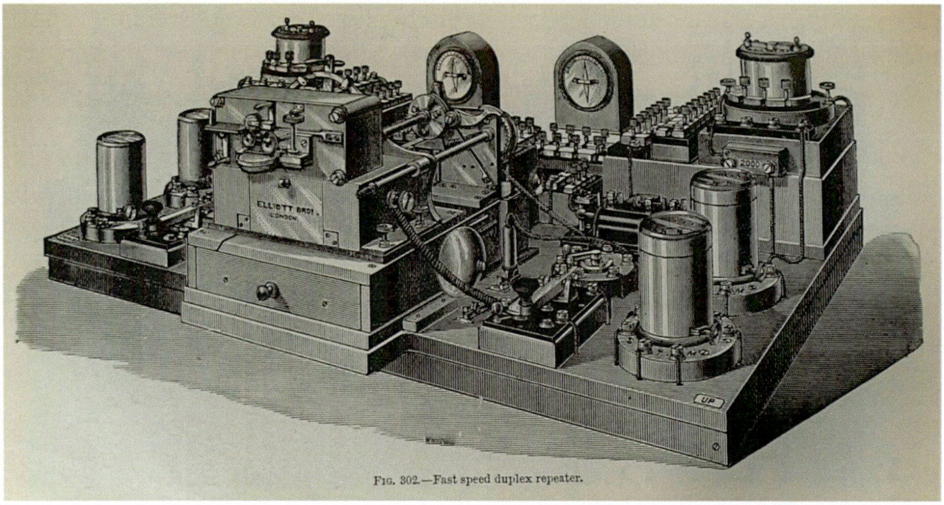

Duplex-Schaltung, Herbert 1906

Spezielle Werke zur Telegraphie

Deutschland

F. Hennicke: Technisches Wörterbuch für Telegraphie und Post Deutsch/Englisch, Berlin 1889

Das Buch kann bei der Aufgabe einen englischen Text zu übersetzen oder im entgegengesetzten Fall einen deutschen Text in das Englische zu übersetzen von großе5r Hilfe sein. Es enthält die wichtigsten Wörter der Telegraphentechnik in beiden Sprachen.

E. Müller: Der Telegraphenbetrieb in Kabelleitungen. Berlin 1890

Bekanntlich wird bei Übertragung von Rechtimpulsen, wie solche in der Telegraphie zu übertragen sind, bei Kabelleitungen eine gegenüber Freileitungen verschiedene Verformung (Verzerrung). Grund sind die ganz verschiedenen elektrischen Eigenschaften. Das Buch von Müller untersucht, ohne Zuhilfenahme höherer mathematischer Modelle (Theorie der Kabelleitung) diesen Problemkreis und beschreibt die Rolle der polarisierten Relais.

Dr. F. Breisig: Theoretische Telegraphie, Braunschweig 1910

Das in der Reihe „Telegraphen- und Fernsprechtechnik“ von Th. Karreis herausgegebene Buch von Breisig gehört zu den Standardwerken der Telegraphie. Ausgehend von den Grundgleichungen der Elektrodynamik und den Maxwellschen Gleichungen werden zuerst mittels der Potentialtheorie die elektrostatischen Ladungen an verschiedenen geometrischen Körpern betrachtet. Nach der Untersuchung stationärer elektrischer und magnetischer Felder und elektrischer Schwingungen wird die Fortpflanzung sinusförmiger Ströme auf Leitungen untersucht. Den Ausgangspunkt dazu bietet die Telegraphengleichung. Für die Telegraphie auf Kabelleitungen ist der 8. Teil des Buches „Fortpflanzung von Strömen auf langen Telegraphenkabel“ von wichtiger Bedeutung. Es wird dazu mittels Integration der Telegraphengleichung die bereits im Jahre 1855 von William Thomson (später Lord Kelvin) gefundene Lösung erarbeitet und das in der Kabeltelegraphie wichtige KR Gesetz hergeleitet. Den Abschluss bildet der 9. Teil des Buches „Schnell veränderliche Vorgänge“ in dem auch die elektrischen Wellen der drahtlosen Telegraphie behandelt werden.

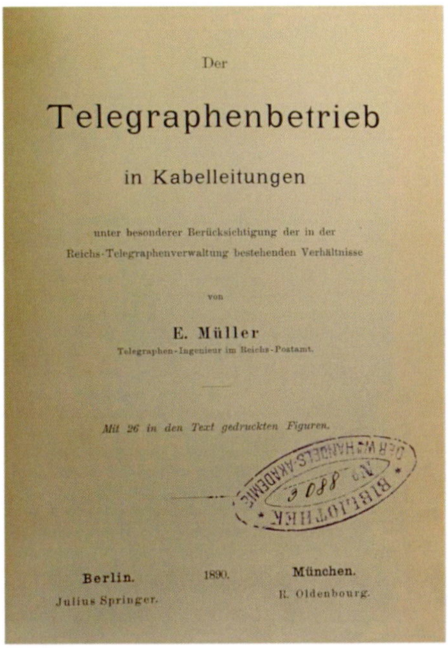
Der

Telegraphenbetrieb

in Kabelleitungen

unter besonderer Berücksichtigung der in der Reichs-Telegraphenverwaltung bestehenden Verhältnisse

von

E. Müller

Telegraphen-Ingenieur im Reichs-Postamt.

Mit 26 in den Text gedruckten Figuren.

Berlin. 1890. München.

Julius Springer. R. Oldenbourg.

Müller 1890

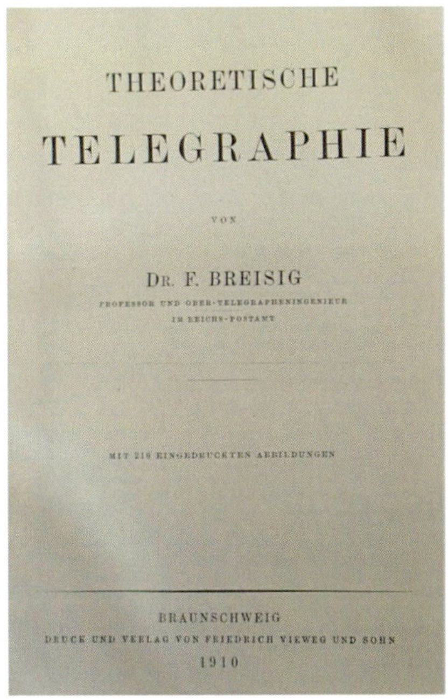
THEORETISCHE

TELEGRAPHIE

VON

DR. F. BREISIG

PROFESSOR UND OBER-TELEGRAPHENINGENIEUR IM REICHS-POSTAMT

MIT 218 EINGEDRUCKTEN ABBILDUNGEN

BRAUNSCHWEIG

DRUCK UND VERLAG VON FRIEDRICH VIEWEG UND SOHN

1910

Breisig 1910

Dr. phil. Friedrich Fuchs: Telegraphische Nachrichtenbüros. Berlin 1919

Dieses Buch ist kein Buch zur Telegraphie selbst. Es handelt sich aber um eine wichtige Gruppe von Firmen, deren Existenz erst durch die Telegraphie möglich geworden ist: Die Telegraphischen Nachrichtenbüros. Der Verfasser Dr. phil. Friedrich Fuchs hat es bereits im Oktober 1917 fertiggestellt. Teile dieses Buch sind als Doktorarbeit an der Philosophischen Fakultät der Universität Erlangen von ihm eingereicht worden. Der Allgemeine Teil des Werkes (S. 19- 147) befasst sich mit den verschiedenen bekannten im Nachrichtenaustausch stehenden Büros. Der Besondere Teil (S.148- 253) betrifft die technischen

Fragen der Nachrichtenbeschaffung und des Vertriebes, die wirtschaftlichen Fragen nach den Unternehmensformen aber auch zu den telegraphischen Gebühren. Des Weiteren geht es um die Beziehung der Nachrichtenbüros zu den jeweiligen Regierungen.

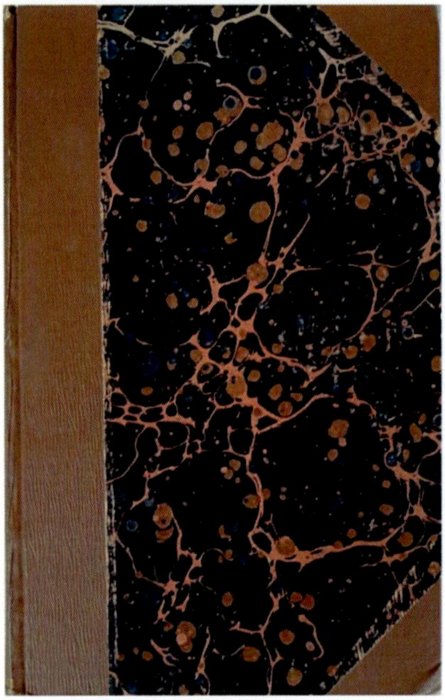

Fuchs 1919

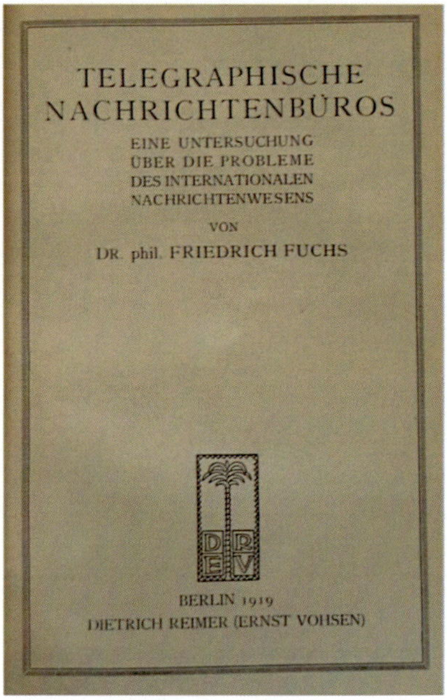

Fuchs 1919

Österreich

K.K. Handelsministerium (Hrsg): Die K.K. Telegraphenzentrale in Wien, Wien 1907

Dieses in Groß-Quart im Jahre 1907 vom K.K. Handelministerium herausgegebene Buch beschreibt die K.K. Telegraphenzentrale in Wien nach der Fertigstellung des Umbaues im Jahre 1907. Nach der Darstellung der historischen Entwicklung der Telegraphenzentrale vom Jahre 1849 an, werden die Einrichtungen der Telegraphenzentrale in ihrem Stand vom Jahre 1907 genau in Wort und Bild beschrieben. Es sind dies A. die Einführung der Leitungen, B. der Hauptrangierraum, C. die Saalumschalter, D. Die Manipulationsapparate E. die telephonische Telegrammvermittlung, F. die elektrische Uhrenanlage, G. die Telegrammförderanlagen und H. die Stromversorgung. Das in Jugendstil illustrierte Werk enthält fünf Vollbilder und 22 Tafeln. Die K.K. Telegraphenzentrale in Wien gehörte in Europa zu den technisch anspruchvollsten Zentralen dieser Zeit. Als Ergänzung soll noch im

Folgenden die Baugeschichte der K.K. Telegraphenzentrale, entnommen aus dem Buch „Elektrisches Schreiben in die Ferne“, Trauner Verlag Linz 2007 kurz erzählt werden.

Zu Beginn des Jahres 1874 war das neu erbaute Telegraphengebäude am Börseplatz fertig und die Telegraphenzentrale konnte dort einziehen. Im obersten dritten Stockwerk war der Apparatesaal eingerichtet, die Zuführung der Leitungen geschah von einem am Franz- Josefsplatz eigens dafür errichteten Kabelhause, in das alle einlangenden Telegraphen-Linien einmündeten. Die Batterien befanden sich im Souterrain des Gebäudes und waren aus Daniell- und Meidinger Elementen zusammengesetzt. Neben dem Morse System hatte auch der Hughes Telegraph inzwischen in Österreich Anwendung gefunden und wurde auf den Linien zwischen Wien und Prag eingesetzt. Versuchsweise hatte man auch den automatischen Typendrucktelegraphen von Donald Murray auf dieser Linie ausprobiert. Im Jahre 1897 wurde das Baudot-Vielfachtelegraphensystem zwischen Wien und Paris eingerichtet, wobei in Bregenz eine Translation eingeschaltet war. Die Stromversorgung mit galvanischen Batterien wurde im Jahre 1899 aufgegeben und durch eine Akkumulatorenanlage ersetzt. Diese bestand aus 120 Zellen, und wurde vom örtlichen Stromnetz (damals in Wien noch ein Gleichstromnetz) gespeist. Im Jahre 1903 gab es in der k.k. Telegraphenzentrale am Börseplatz 105 Morse-Leitungen, 72 Hughes-Leitungen und eine Baudotleitung. Die Bedienung dieser Leitungen erfolgte durch 300 Beamten und Manipulantinnen. Der bisher überall eingesetzte Morse-Schreiber wurde in der Zentrale durch den Morse-Klopfer ersetzt. Zudem wurde die starre Schaltung der einzelnen Morse- Linien zu den Arbeitsplätzen aufgegeben und ein Umschalter geschaffen, der es ermöglichte jede Leitung nach Bedarf beliebig auf einen Arbeitsplatz zu schalten und einzelne Leitungen bei Einschaltung einer Translationseinrichtung miteinander zu verbinden. Die infolge des Anstiegs des Telegraphenverkehrs notwendig gewordene Erweiterung des Telegraphengebäudes am Börseplatz, die im wesentlichen im Aufbau eines weiteren, vierten Stockwerkes bestand, war im Jahre 1905 beendet. Im Jahre 1906 waren auch die Arbeiten an der Neugestaltung der Telegraphenzentrale fertiggestellt. Eine genaue Beschreibung zu den wichtigsten technischen Einrichtungen liegt mit dem im Anschluss an die Fertigstellung der neuen Telegraphenzentrale vom k.k. Handelsministerium im Jahre 1907 herausgegebenen Werk vor.

Telegraphen -Zentrale in Wien, Börseplatz, 1906

Apparate-Saal

Leopold Kastner (Hrsg):Telegraphen- Tarif von Wien, Wien 1858

Diese kleine Broschüre (insgesamt 38 Seiten) gibt die Gebühren für Telegramme in alle bis November 1858 eröffneten Stationen an. Darüber hinaus sind im Anhang auch die Tarife für die bedeutenderen Stationen in Nord-Amerika angeführt. Das Werk zeigt, welche beachtliche Größe das Telegraphennetz in Europa bereits zu dieser Zeit hatte.

No. 3. November. 1858.

TELEGRAPHEN-
TARIF von WIEN
nach allen Stationen
EUROPA'S
nebst einem Anhange der bedeutenderen Stationen
Nord-Amerika's.

XII / 2702

Herausgegeben von
Leopold Kastner,
Registrator und Expeditor der k. k. Credit-Anstalt für Handel und Gewerbe, Herausgeber des Dampfers und der Wiener-Eisenbahnzeitung.

Preis 24 kr. C. M.,
oder 40 kr. Oesterr. Währung.

Kastner 1858

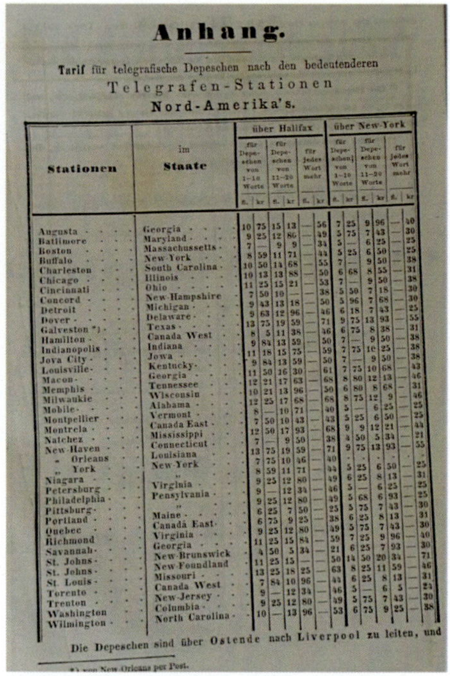

Anhang.

Tarif für telegrafische Depeschen nach den bedeutenderen
Telegrafen-Stationen
Nord-Amerika's.

Stationen	im Staate	über Halifax: für Depeschen von 1–10 Worte fl.	kr	für Depeschen von 11–20 Worte fl.	kr	für jedes Wort mehr fl.	kr	über New-York: für Depeschen von 1–10 Worte fl.	kr	für Depeschen von 11–20 Worte fl.	kr	für jedes Wort mehr fl.	kr
Augusta	Georgia	10	75	15	13	—	56	7	25	9	96	—	40
Baltimore	Maryland	9	25	12	86	—	49	5	75	7	43	—	30
Boston	Massachussetts	7	—	9	9	—	34	5	—	6	25	—	25
Buffalo	New-York	8	59	11	71	—	44	5	25	6	50	—	25
Charleston	South Carolina	10	50	14	68	—	55	7	—	9	50	—	38
Chicago	Illinois	10	13	13	88	—	50	6	68	8	55	—	31
Cincinnati	Ohio	11	25	15	21	—	53	7	—	9	50	—	38
Concord	New-Hampshire	7	50	10	—	—	38	5	50	7	18	—	30
Detroit	Michigan	9	43	13	18	—	50	5	96	7	68	—	30
Dover	Delaware	9	63	12	96	—	46	6	18	7	43	—	25
Galveston *)	Texas	13	75	19	59	—	71	9	75	13	93	—	55
Hamilton	Canada West	8	5	11	38	—	46	6	75	8	38	—	31
Indianopolis	Indiana	9	84	13	59	—	50	7	—	9	50	—	38
Jova City	Jowa	11	18	15	75	—	59	7	75	10	25	—	38
Louisville	Kentucky	9	84	13	59	—	50	7	—	9	50	—	38
Macon	Georgia	11	50	16	30	—	61	7	75	10	68	—	43
Memphis	Tennessee	12	21	17	63	—	68	8	80	12	13	—	46
Milwaukie	Wisconsin	10	21	13	96	—	50	6	80	8	68	—	31
Mobile	Alabama	12	25	17	68	—	68	8	75	12	9	—	46
Montpellier	Vermont	8	—	10	71	—	40	5	—	6	25	—	25
Montrela	Canada East	7	50	10	43	—	43	5	25	6	50	—	25
Natchez	Mississippi	12	50	17	93	—	68	9	9	12	21	—	44
New-Haven	Connecticut	7	—	9	50	—	38	4	50	5	34	—	21
" Orleans	Louisiana	13	75	19	59	—	71	9	75	13	93	—	55
" York	New-York	7	75	10	46	—	40	.	.	.	.	.	.
Niagara	"	8	59	11	71	—	44	5	25	6	50	—	25
Petersburg	Virginia	9	25	12	80	—	49	6	25	8	13	—	31
Philadelphia	Pensylvania	9	—	12	34	—	46	5	—	6	25	—	25
Pittsburg	"	9	25	12	80	—	49	5	68	6	93	—	25
Portland	Maine	6	25	7	50	—	25	5	75	7	43	—	30
Quebec	Canada East	6	75	9	25	—	38	6	25	8	13	—	31
Richmond	Virginia	9	25	12	80	—	49	5	75	7	43	—	30
Savannah	Georgia	11	25	15	84	—	59	7	25	9	96	—	40
St. Johns	New-Brunswick	4	50	5	34	—	21	6	25	7	93	—	30
St. Johns	New-Foundland	11	25	15	—	—	50	14	50	20	34	—	71
St. Louis	Missouri	13	25	18	25	—	63	8	25	11	59	—	46
Torento	Canada West	7	84	10	96	—	44	6	25	8	13	—	31
Trenton	New-Jersey	9	—	12	34	—	46	5	—	6	5	—	24
Washington	Columbia	9	25	12	80	—	49	5	75	7	43	—	30
Wilmington	North Carolina	10	—	13	96	—	53	6	75	9	25	—	38

Die Depeschen sind über Ostende nach Liverpool zu leiten, und

*) von New-Orleans per Post.

Amerika-Tarife, Kastner 1858

Franz Schmid: Die Telegraphen-Alphabete und Zeichen Österreichs in ihrer historischen Entwicklung, Wien 1891

Das in Groß-Folio Format vorliegende Werk des K.K. Baurates Franz Schmid, enthält alle in Österreich seit dem Beginn des elektrischen Telegraphen-Verkehrs im Jahre 1848 verwendeten Telegraphen-Alphabete und Zeichen.
Den Beginn machen die Zeichen, die zum Gebrauch des Bain Telegraphen, der in spezieller Konstruktion in Österreich nach dem englischen Vorbild eingerichtet wurde. Am Ende des Jahres 1849 wurde in Österreich zum ersten mal die Morsezeichen verwendet. Dieses wurde ab dem 1. März 1852 in der vom Deutsch-Österreichischen Telegraphenvereins damals beschlossenen Form weitergeführt. Die darauf folgenden Änderungen und Ergänzungen gehen bis zum Jahre 1891. Neben den Morsezeichen werden im Buch von Schmid auch die beim Hughes Telegraphen vorkommenden Typen und die Zeichen für spezielle Dienstangaben angegeben. Es folgen die Zeichen des Meyer´schen Multiplex-Apparates, die Zeichen des Granfield Perfecters der zwischen Wien und Prag (1878) sowie zwischen Wien und Budapest (1879) verwendet wurde, die Zeichen des Estienne –Apparates der von 1884- 1887 zwischen Wien und Pardubitz eingesetzt war. Den Abschluss bilden die Eisenbahnsignale mittels elektrischer Glockenschlagwerke.

Die elektrische Telegraphie über Unterseekabel

Die Überbrückung des Atlantischen Ozeans

Nach den Erfolgen der Kabellegungen im Ärmelkanal und im Mittelmeer und in den englischen Gewässern lag es nahe, auch den Sprung über den Atlantischen Ozean ins Auge zu fassen. Die Initiative dazu wurde von dem Amerikaner Cyrus Field (1819- 1892) ergriffen. Field hatte in Amerika dem kanadischen Telegrapheningenieur Fredrich Gisborne mit einer finanziellen Beteiligung geholfen, um die von diesem errichtete Telegraphenstrecke von New York nach Neufundland fertig zu stellen. Dabei kam ihm die Idee, diese Linie über den Atlantik nach England fortzusetzen. Cyrus Field, als Kaufmann zu einem kleinen Vermögen gekommen, holte sich dazu zuerst den Rat von Samuel Morse, der bereits 1842 die Meinung vertreten hatte, dass sein Telegraphiesystem auch über den Atlantik funktionieren würde. Zusätzlich wandte sich Cyrus Field an seinen Bekannten aus früheren Jahren Matthew Maury, Leutnant am US Naval Observatory. Von Maury erfuhr er, dass die von der Navy vorgenommenen Messungen gezeigt haben, dass der Boden des Atlantik zwischen Neufundland und Irland weitgehend ein Plateau darstellt und somit eine erfolgreiche Legung eines Seekabels dort möglich wäre. Im nächsten Schritt gelang es Cyrus Field in New York zur Realisierung seiner Idee die Unterstützung sehr vermögender Männer zu erhalten, unter diesen der Fabrikant und Philantrop Peter Cooper (1791- 1883). Nach Übernahme der von Gisborne gegründeten „Newfoundland Electric Company" und Sicherung der Landungsrechte reiste Field im Jahre 1855 nach England, um dort Verhandlungen zur Lieferung des Kabels und zur Bereitstellung der zur Legung notwendigen Schiffe zu führen. Er kontaktierte dazu John Brett, der durch seine Kabellegungen im Mittelmeer als Fachmann ausgewiesen war. Des weiteren nahm Field Kontakt mit der im Jahre 1854 neu gegründeten Firma „Glass, Elliot and Co" auf, um Informationen zu einem möglichen Kabel einzuholen. Über Vermittlung von John Brett hatte Cyrus Field auch Gelegenheit wichtige Persönlichkeiten, die in England in technischer oder kaufmännischer Weise mit Telegraphie zu tun hatten, kennen zu lernen und diese für sein Projekt der Legung eines Atlantikkabels zu interessieren. Zur organisatorischen Vorbereitung und Bereitstellung der notwendigen finanziellen Mittel wurde von John Brett in England in diesem Zusammenhang die „Atlantic Telegraph Co" gegründet. Die Firma „Glass, Elliot and Co" bekam von dieser den Auftrag das Kabel zu erzeugen. Als elektrischer Leiter wurde dafür eine Litze bestehend aus neun Kupferdrähten genommen. Diese wurden mit einer Guttapercha Isolierung umhüllt. Eine Armierung von achtzehn Eisendrähten lieferte den notwendigen mechanischen Schutz. Bereits im Jahre 1857 beschloss das englische Parlament das Kabelprojekt zu unterstützen. Von der Royal Navy wurde zur Legung des Kabels das Dampfschiff „*Agamemnon*" bereit gestellt. Cyrus Field konnte also in England einen vollen Erfolg verbuchen und versuchte nach seiner Rückkehr in die USA dort von amerikanischer Seite eine ähnliche Unterstützung zu erreichen. Mit großer Anstrengung gelang ihm dies. Die USA stellten zur Kabellegung die „*Niagara*“, ein modernes Dampfschiff der US Navy, zur Verfügung. Am 5. August 1857 begann die Kabellegung mit der „*Agamemnon*“ von Valentia, einer kleinen vorgelagerten Insel von Irland aus. Nach 380 Seemeilen riss jedoch auf Grund eines Bremsfehlers das Kabel und konnte aus der Tiefsee nicht mehr geborgen werden. Im darauffolgenden Jahr kam es zu einem weiteren Versuch. Diesmal trafen sich beide Schiffe am 29. Juli 1858 in der Mitte der Strecke und begannen nach Spleissung der beiden Kabel mit der Legung. Die „*Niagara*“ und die „*Agamemnon*“ erreichten am 5. August 1858 ihre Ziele Neufundland bzw. Irland und es zeigte sich, dass das Kabel funktionierte. Die Überbrückung des Atlantischen Ozeans zur Einrichtung der Telegraphie zwischen Amerika und Europa war damit gelungen. Die Gesamtlänge des Kabels betrug 3745 Kilometer. Königin Victoria von England übersandte eine Grußbotschaft an den damaligen amerikanischen Präsidenten James Buchanan, der diese erwiderte. In New York wurde das Ereignis festlich begangen. Leider dauerte die Freude darüber nur kurze Zeit. Bereits am 18. September 1858 versagte das Kabel seinen Dienst gänzlich und alle Versuche dieses wieder in Betrieb zu nehmen schlugen fehl. Die Enttäuschung war sehr groß und wilde Spekulationen zum Grund des Ausfalls wurden in den Umlauf gebracht. Eine sorgfältig angestellte wissenschaftliche Analyse ergab schließlich, dass das Kabel in England bereits an Land durch unsachgemäße Lagerung einen Isolationsschaden erhalten hatte, der schließlich zum Ausfall führte.

Cyrus Field und eine Anzahl seiner getreuen Mitglieder des Vorstandes der „Atlantic Telegraph Co“ ließen sich durch den Ausfall des Kabels jedoch nicht entmutigen und starteten die Planung einer weiteren Kabellegung. Das englische Parlament erlaubte bereits im Juli 1859 der „Atlantic Telegraph Co“ die Ausgabe neuer Aktien, die zur Finanzierung des neuen Kabels dienen sollten. Der Verkauf dieser Aktien war aber zunächst nicht von Erfolg gekrönt. Für die Anleger schien nach dem Scheitern des Kabels des Jahres 1858 und dem Misserfolg mit dem Roten Meer Kabel, über den später noch berichtet werden soll, das Risiko dafür zu groß. Auch wollte die britische Regierung eine Garantie, die den Anlegern eine gewisse Sicherheit geben würde, nicht übernehmen. Jedoch wurde eine Kommission bestehend aus ausgewiesenen Fachleuten, unter diesen auch der bekannte Spezialist für Telegraphie Professor Charles Wheatstone, einberufen, deren Aufgabe es war, die Auswahl des neuen Kabels und dessen Legung wissenschaftlich zu begleiten. Mit der Neuauflage der Aktie im Jahre 1862 durch die „Atlantic Telegraph Co“ konnte schließlich in England und auch in den USA genug Kapital beschafft werden um das Projekt zu starten. Eine Unterstützung dafür war auch die Zusammenlegung der beiden Kabelfirmen „Glass, Elliot and Co“ und „Gutta Percha Co“ im Jahre 1864 zur Firma „Telegraph Construction and Maintenance Co“ (TC&M), einer Firma die in den folgenden Jahren international eine Führungsrolle in der Kabelindustrie übernahm. Ein weiterer glücklicher Umstand war der Erwerb des damals größten Dampfschiffes „*Great Eastern*" zur Legung des Kabels. In diesem konnte das Kabel in der gesamten Länge in Wassertanks untergebracht werden. Am 23. Juli 1865 begann die Legung des Kabels von Irland aus. Leider kam es 600 Seemeilen vor der Erreichung von Neufundland zu einem Missgeschick. Bei der notwendigen Reparatur eines schadhaften Teils des Kabels ging das Kabel verloren und konnte aus der Tiefsee nicht mehr geborgen werden. Für Cyrus Field und seine Gefährten hieß es einen neuen Anlauf zu nehmen. Nach Gründung der „Anglo American Telegraph Co" zur Sicherung der notwendigen finanziellen Mittel konnte am 13. Juli 1866 von Irland aus erneut die Legung eines Kabels begonnen werden. Am 27. Juli 1866 erreichte die „*Great Eastern*" Neufundland. Das Kabel funktionierte auf Anhieb und somit war zum zweiten Mal die Überbrückung des Atlantischen Ozeans mittels eines Seekabels zum telegraphischen Nachrichtenaustausch zwischen dem amerikanischen Kontinent und den europäischen Ländern gelungen. Zusätzlich gelang es auch das 1865 verloren gegangene Kabel aus der Tiefsee zu heben so dass ab dem 8. September 1866 bereits zwei Kabel für den telegraphischen Verkehr über den Atlantischen Ozean zur Verfügung standen. Bereits im Jahre 1869 wurde ein weiteres Kabel über den Atlantik gelegt. Diesmal durch eine französische Initiative, durchgeführt von der „Société du Cable Transatlantique Francais", die von Brest (Frankreich) nach St. Pierre (Neuschottland, Kanada) ein Kabel legte. Als Kabelschiff wurde wieder die „*Great Eastern*" eingesetzt, die englischen Firmen TC&M und „Henley´s Telegraph Works" erzeugten das Kabel. Zur Verbindung in die Vereinigten Staaten wurde im gleichen Jahr dieses Kabel von St. Pierre nach Cap Cod (USA) verlängert. Bis zum Jahre 1900 sind insgesamt vierzehn Kabel über den Atlantischen Ozean gelegt worden.

Werke zur Legung der Kabel

W.H. Russel: The Atlantic Telegraph, London 1866

Dieses großartige Buch in Folio Format, illustriert mit ganzseitigen Farblithographien, beschreibt hauptsächlich die erfolgreiche Legung der Atlantic Kabel der Jahre 1865/66. Jedoch wird zu Beginn auch auf die ersten von England aus gelegten Unterseekabel eingegangen, davon besonders auch auf das Atlantic Kabel des Jahres 1858, das nur kurze Zeit in Betrieb war. Die Beschreibung der einzelnen Arbeitsphasen, die zur Legung des Kabel gehören (Fertigung des Kabels, Unterbringung des Kabel auf dem Legeschiff, Reparatur auf hoher See eines gerissenen Kabels, elektrische Messungen am Kabel während der Legung, Inbetriebnahme des Kabels u.a.) werden durch 25 in das Buch gebundenen Farb-Lithographien wiedergegeben. Am Ende des Werkes werden die Firmen, die an der Legung der Atlantic Kabel von 1865/66 mitgewirkt haben angeführt. Des Weiteren werden mit einer Tafel alle in internationalen Gewässern bisher gelegte Kabel angegeben, ebenso alle im Jahre 1866 in Betrieb befindlichen Kabel, die von der Gutta Percha Company, London, erzeugt wurden.

Russel 1866

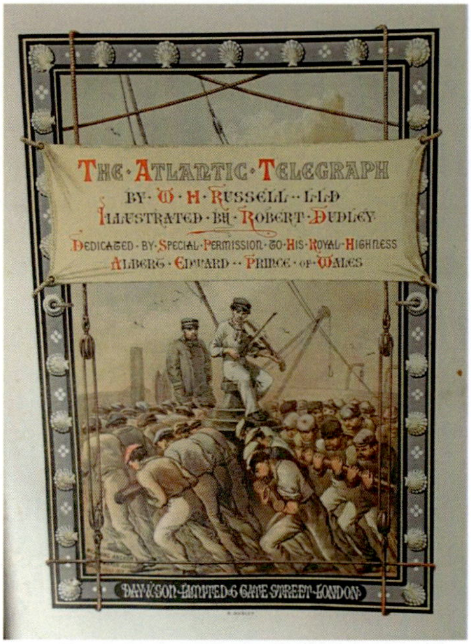

Frontispiz, Russel 1866

Valencia (Irland), Russel 1866

Great Eastern, Russel 1866

Kabel im Bauch der Great Eastern, Russel 1866

Legemaschine an der Great Eastern, Russel 1866

Trinity Bay, Neufundland, Russel 1866

Henry M. Field: History of the Atlantic Telegraph, New York 1866

Henry M. Field, Sohn von Cyrus W. Field, gibt hier einen genauen Bericht zur Legung der Atlantik Kabel von 1858 und der Kabel von 1865/66. Dieser Bericht beginnt zuerst bei der Schaffung der Kabelverbindungen von New York nach Neufundland. Erst damit konnte die Legung eines Atlantic Kabel erfolgen.

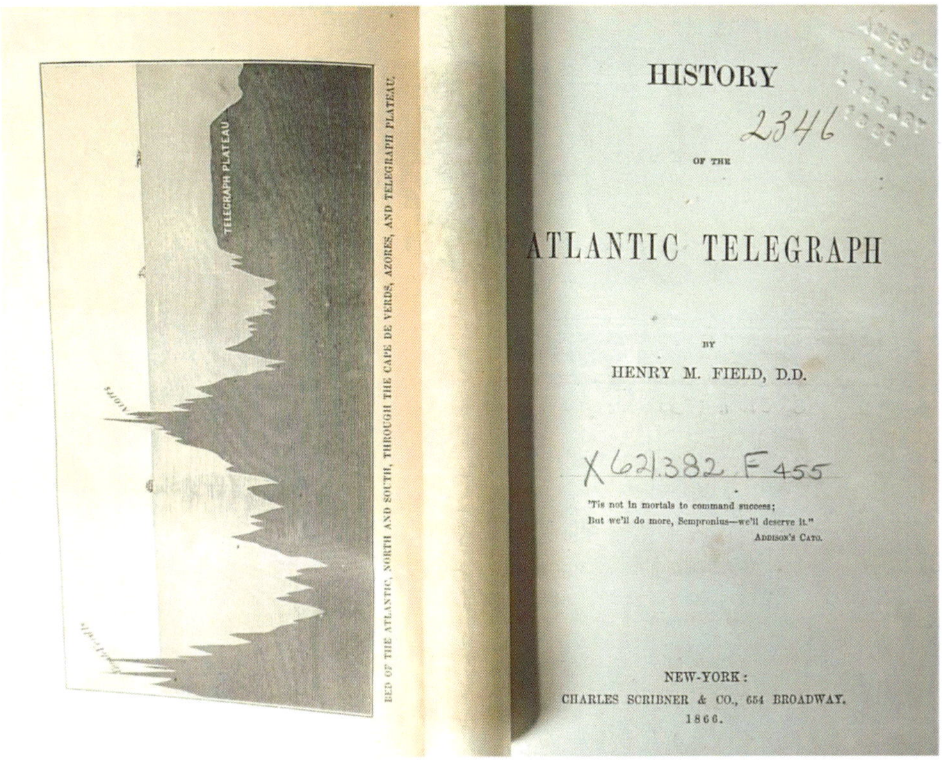

Field 1866

Dr. H. Schellen: Das atlantische Kabel, Braunschweig 1867

Dr. H. Schellen, bekannt durch seine Werke zum elektromagnetischen Telegraphen und zu den dynamoelektrischen Maschinen behandelt in diesem Buch in allgemein verständlicher Weise, illustriert mit 69 Holzschnitten, die großartige technische Tat der erfolgreichen Legung des Unterseekabels durch den Atlantischen Ozean. Stefan Zweig hat in seinem Werk „Sternstunden der Menschheit“ mit der Miniatur „Das erste Wort über den Ozean“ dieses Ereignis entsprechend gewürdigt.

Das atlantische Kabel,

seine

Fabrication, seine Legung und seine Sprechweise.

Gemeinfaßlich dargestellt

von

Dr. H. Schellen,

Director der Realschule I. Ordnung in Köln, Ritter des Rothen Adlerordens IV. Cl.

Mit 69 erläuternden Illustrationen.

Braunschweig,

Druck und Verlag von George Westermann.

1867.

Schellen, Titelseite

Schellen 1867, Guttapercha.Zweig

„Great Eastern“

Das „Rote Meer Kabel“ von Aden nach Bombay

Von England wurde bereits seit längerer Zeit der Plan verfolgt, eine telegraphische Verbindung nach Indien einzurichten. Diese sollte eine Ergänzung zu den über Land bereits vorhandenen Verbindungen bilden. Mit den erfolgreichen Kabellegungen im Mittelmeer war eine Verbindung bis nach Alexandria in Ägypten bereits vorhanden. Zur Verfolgung des Projektes eines „Indien-Kabels“ wurde deshalb in den Jahren 1857/58 die „The Red Sea and Indian Telegraph Company“ gegründet. Als erstes galt es ein Kabel im Roten Meer von Suez bis Aden zu legen. Die Firma „Newall & Co“ wurde mit der Herstellung des Kabels und dessen Legung beauftragt. Die Firma „Siemens & Halske“, die in geschäftlichem Kontakt mit „Newall & Co“ stand, bekam den Auftrag die erforderlichen Kabelmessungen zu übernehmen. Zum Teil nahm auch Werner von Siemens persönlich daran teil. Innerhalb des Monats Mai 1859 gelang es das gesamte Kabel von Suez bis nach Aden mit einer Länge von rund 2500 km zu legen. Im Februar 1860 war auch das Kabel von Aden bis Karatschi mit einer Länge von insgesamt 3120 km gelegt. Bald nach der Fertigstellung traten aber bereits Störungen auf und führten schließlich zu einem kompletten Versagen des Kabels. Der hauptsächliche Grund dafür war, wie sich nach einer Untersuchung herausstellte, dass das aggressive Salzwasser des Roten Meeres die Stahldrähte der Bewehrung angegriffen hatte, so dass diese zum Teil durchrosteten. Ein weiterer Grund lag darin, dass das an den Korallenbänken liegende Kabel durch die mit dem Wellengang verursachte Reibung beschädigt wurde.

Nach dem Versagen des „Roten Meer Kabels“ wurde ein Projekt gestartet das erneut zum Ziel hatte, eine Verbindung von England aus nach Indien einzurichten, wobei jedoch der bisherige Landweg über Frankreich und dem Piemont vermieden werden sollte und ein Kabel ausschließlich über den Seeweg einzurichten war. Im Jahre 1860 war bereits von der britischen Regierung die Firma „Glass, Elliot & Co“ mit der Erzeugung eines solchen Kabels für die Strecke von England über Gibraltar nach Malta beauftragt worden. Dieses Kabel wurde, aufbauend auf die Erfahrungen des ersten Transatlantik- Kabels vom Jahre 1858 zum erstenmal unter genauer wissenschaftlicher Kontrolle gefertigt und getestet. Politische Änderungen verhinderten jedoch die geplante Legung nach Gibraltar. Schließlich konnte einige Jahre später, nämlich im Jahre 1868, dieses bereits vorhandene Kabel von der „Anglo-Mediterranean Telegraph Company“ für die Verbindung von Malta nach Alexandria in Ägypten verwendet werden. Von der „Falmouth, Gibraltar and Malta Company“ wurde schließlich im Jahre 1870 von England (Porthcurno) über Portugal (Carcavalos) und Gibraltar nach Malta ein Seekabel gelegt. Bereits im Januar 1869 war eine neue britische Kabelgesellschaft, die „British- Indian Submarine Telegraph Company“ gegründet worden mit dem Ziel, sich erneut der Telegraphie zwischen England und Indien geschäftlich zu widmen. Bereits im Juni 1870 konnte ein neues „Rotes Meer Kabel“ von Suez nach Aden und von dort weiter nach Bombay in Betrieb genommen werden. Als Legeschiff wurde für die Strecke von Suez nach Aden das Schiff *„Hiberna“* eingesetzt. Für die Weiterführung von Aden nach Bombay wurde die bereits für die Legung der Atlantik-Kabel von 1865/66 erfolgreich eingesetzte *„Great Eastern“* verwendet. Die Erzeugung der Kabel lag in den Händen der neu geformten „Telegraph Construction and Maintenance Company“ (TC&M). John Pender, dem Direktor der „Atlantic Telegraph Company“ gelang es 1872 alle an dieser Kabelstrecke von England nach Bombay beteiligten Kabelgesellschaften zur „Eastern Telegraph Company“ zu vereinen.

J.C. Parkinson: The Ocean Telegraph to India, Edinburgh 1870

Parkinson berichtet in einer Art Tagebuch die Legung des Seekabels von Aden nach Bombay im Jahre 1870 womit über den Seeweg eine Verbindung von London nach Bombay und weiter über den Landweg nach Kalkutta geschaffen wurde.

Parkinson 1870: Frontispiz und Titelseite

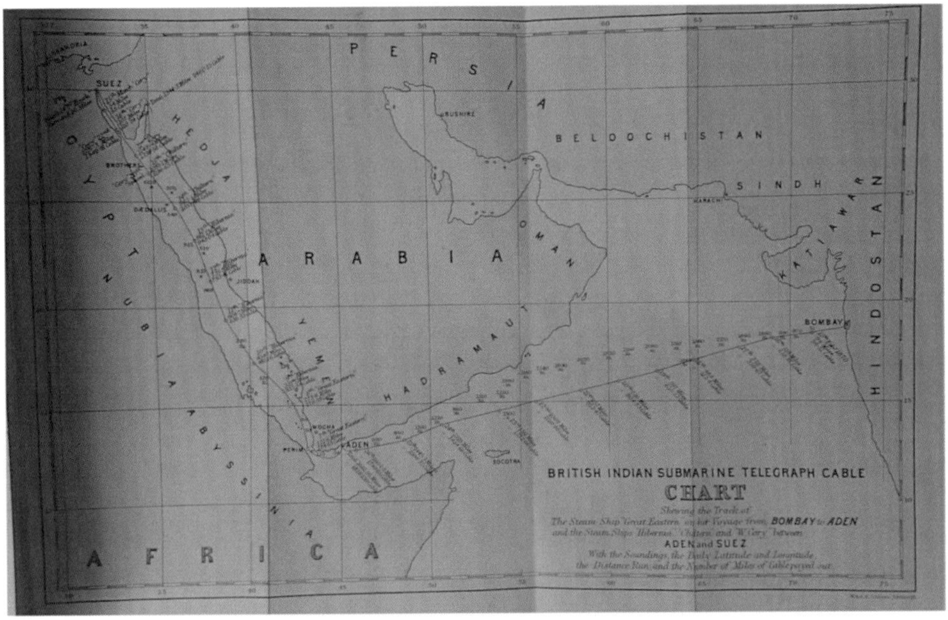

Parkinson 1870: Karte zum Kabel von Suez nach Bombay

Die Vormachtstellung Englands in der Errichtung und im Betrieb von Seekabeln

Im Folgenden sollen zur besseren Einschätzung der Bedeutung englischer Fachbücher zum Thema der Seekabel einige wirtschaftliche Details, entnommen der Schrift „Telegraphie durch die Meere“, Trauner Verlag, Linz 2018, angeführt werden.

England hatte im19. Jahrhundert England in der Einrichtung der Seekabelnetze international eine führende Rolle und eine Vormachtsstellung. Dies betrifft sowohl die technisch-wissenschaftliche Seite als auch im Besonderen die wirtschaftliche Seite. Von den bekannten 29 Kabelgesellschaften hatten nicht weniger als 16 ihren Sitz in London. Die englische Kabelgesellschaft „Eastern Telegraph Co“ besaß in Verbindung mit den weiteren in den verschiedenen Ländern agierenden Kabelgesellschaften einen Großteil der durch die Meere gelegten Kabel. Die Gesellschaft verfügte über die assoziierten länderspezifischen Gesellschaften in wichtigen Hafenstädten und Inseln verbriefte exklusive Rechte zur Landung von Seekabeln. Die englische Firma „Telegraph Construction and Maintenance Company“ (TC&M), die durch Zusammenschluss der mit dem Bau von Seekabeln befassten englischen Firmen der ersten Stunde entstanden ist, war für die „Eastern Telegraph Co“ eine wichtige General-Unternehmung zur Realisierung ihrer Kabel. TC&M verfügte über die beste wissenschaftliche und technische Erfahrung in der Erzeugung von hochwertigen Seekabeln. Die zu TC&M gehörige Flotte von Kabelschiffen ermöglichte weltweit die effektive Legung von Seekabel. Unter diesen Umständen war es für andere Kabelgesellschaften schwer in wesentlicher Weise hier in Konkurrenz zu treten. Es war nur die „Große Nordische Telegraphengesellschaft“ (GNT), die von Beginn weg bei der Legung von Seekabel einen gewissen Marktanteil für sich gewinnen konnte. Dafür war in erster Linie die geographische Situation der davon telegraphisch in der Ostsee erschlossenen skandinavischen Länder verantwortlich. Dazu kam die Einbeziehung von Russland, mit der es möglich wurde, die Landlinie von St. Petersburg über Sibirien bis Wladiwostok in Anspruch zu nehmen. Damit gelang es, im Fernen Osten, in China und in Japan, ein Telegraphennetz mittels Seekabel aufzubauen und in Betrieb zu halten. Neben der TC&M setzte die GNT dafür auch Kabel der „Norddeutschen Seekabelwerke“ (NSW) ein, ebenso Kabeldampfer dieser im Jahre 1899 in Nordenham bei Bremerhaven entstandenen Firma. Eine weitere Initiative um dem englischen Monopol ein Gegengewicht zu geben, war mit der Gründung der „Deutsch-Niederländischen Telegraphengesellschaft“ im Jahre 1904 entstanden. Die davon ergriffenen Initiativen beschränkten sich jedoch nur auf den Ausbau der telegraphischen Verbindungen zu dem zu Deutschland und den Niederlanden gehörigen Kolonialbesitz im chinesischen Meer. Die englische Vorherrschaft wurde jedoch durch die damit entstandene Konkurrenz nicht wesentlich geschwächt. Sie blieb auch in den nachfolgenden Jahren weiter bestehen, zumal der weitere Ausbau der Seekabelnetze zur Vergrößerung der Kapazität des Datendurchsatzes hauptsächlich in der Legung weiterer Kabel, parallel zu den bestehenden Kabeln erfolgte.

Traditionell hatte England an der wichtigen transatlantischen Verbindung mit Nordamerika mit den von Valentia (Irland) und Porthcurno (Cornwall) ausgehenden Kabeln den größten Anteil. Aber auch nach Spanien (Vigo) und Portugal (Lissabon) führten von Porthcurno aus wichtige Kabel und hatten von dort Anschluss nach Indien, Australien, Afrika und Südamerika. Porthcurno stellte für die Firma „Eastern Telegraph Co“, heute oft einfach als „Telcon“ bezeichnet, das wichtigste Zentrum für die englischen Seekabelverbindungen dar. Es war auch ein wichtiges Ausbildungszentrum für die bei „Telcon“ beschäftigten Telegraphisten. Heute erinnert ein oberhalb der Bucht angelegtes Museum an die große Zeit. Mit dem Aufkommen der Drahtlosen Telegraphie musste sich Telcon auf die Neue Zeit einstellen. Die bis heute existierende Firma „Cable and Wireless“ entstand 1934 durch Zusammenschluss der „Eastern Telegraph Co“ mit den verschiedenen im Bereich der Drahtlosen Telegraphie tätigen britischen Firmen.

Die wichtige Voraussetzung für den Aufbau eines Netzes von Seekabeln war natürlich dass Firmen für die Erzeugung der Kabel vorhanden waren. Dies war in England der Fall. Die bekannteste englische Kabelfirma war die „Telegraph Construction and Maintenance Ltd“ (TC&M), die aus der 1854 gegründeten Firma „Glass,Elliot & Co“ hervorgegangen ist. Eine weitere wichtige englische Firma war mit der „India Rubber Gutta Percha and Telegraph Works Ltd“ (IRGP) in Silvertown gegeben, die neben Guttapercha Kabeln auch Kautschuk-Kabel herstellte. Als dritte englische Firma sei die Firma „Henley´s Telegraph Works Ltd“, die 1855 aus der Kabelfabrik von William Henley hervorgegangen ist, genannt. Ab dem Jahre 1894 wurde sie in die Firma „Hooper´s Telegraph & India Rubber Works Ltd“ eingegliedert. Eine weitere englische Kabelfirma war auch mit „Siemens Brothers London“ gegeben. Eine weitere Frage, die im Zusammenhang des telegraphischen Verkehrs über Seekabel auftrat betraf die Auswahl der dafür geeigneten Instrumente und Apparate.

Charles Bright: Submarine Telegraphs, London 1898

Das Buch von Charles Bright zu den Unterseekabeln gilt als das Standardwerk zum Thema der Unterseekabel. Ausgeführt in Groß-Oktav mit einem Umfang von 747 Seiten enthält es alle wichtigen Teile, die das Thema erfordert. In Teil I (S. 1- 192) wird die Geschichte der Seekabel-Telegraphie behandelt, Teil II (S.214- -512) gibt Auskunft zur Fertigung der Kabel und zu deren Legung, Teil III (S. 525-702) beschreibt die telegraphische Ausrüstung der Verbindungen und die möglichen verschiedenen Betriebsarten. Mit 7 faltbaren Karten werden die Wege der gelegten Kabel gezeigt. Zahlreiche Zeichnungen und Photos unterstützen den Text. Ein ausführliches Inhaltsverzeichnis (S.705-744) hilft bei der Benutzung dieses außerordentlichen Werkes.

Bright 1898

SUBMARINE TELEGRAPHS

Their History, Construction, and Working

Founded in part on Wunschendorff's 'Traité de Télégraphie Sous-Marine'

and

Compiled from Authoritative and Exclusive Sources

by

CHARLES BRIGHT, F.R.S.E.

Associate Member of the Institution of Civil Engineers
Member of the Institution of Mechanical Engineers
Member of the Institution of Electrical Engineers

LONDON
CROSBY LOCKWOOD AND SON
7, STATIONERS' HALL COURT, LUDGATE HILL
1898

Bright 1898

Kabelmaschine, Bright 1898

Technische Instrumente zur Signalübertragung bei Seekabeln

Die bei der Legung der ersten Seekabel gemachten Erfahrungen haben gezeigt, dass die in der Morsetelegraphie über Land eingesetzten üblichen Apparate dafür nicht empfindlich genug waren. Die dort bei den Empfängern zur Verstärkung des ankommenden elektrischen Signals eingesetzten elektromagnetischen Relais konnten die über ein Seekabel erhaltenen wellenförmige analogen Signale nicht in die zugehörigen digitalen Morsesignale, bestehend aus Punkten und Strichen, umsetzen. Es war ein glücklicher Umstand, dass in England bereits seit der Einführung der Nadeltelegraphie über Landleitungen ein polarisierter Code eingesetzt wurde. Dies wurde auch in der Telegraphie über Seekabel beibehalten. Zum Senden wurde eine Doppeltaste, dann einfach als Kabeltaste bezeichnet, verwendet. Mit dieser konnte abwechselnd der positive Pol der galvanischen Batterie (für den Punkt des Morsecodes) und der negative Pol (für den Strich des Morsecodes) an das Kabel geschaltet werden. Beim maschinellen (automatischen) System nach Wheatstone musste zuerst per Hand an einem Locher ein Sendestreifen hergestellt werden und anschließend mittels eines Maschinensenders über das Kabel abgesendet werden. Die maschinelle Abgabe eines Telegramms ging viermal so schnell als die Sendung desselben per Hand mit der Kabeltaste. Für den Empfang der Telegramme waren bei Seekabel verschiedene Systeme im Einsatz. Als historisch erster Empfänger wurde zuerst das von William Thomson erfundene Spiegelgalvanometer verwendet. Dieses war in erster Linie als Messinstrument im Rahmen der Legung von Seekabel eingesetzt worden. In etwas vereinfachter Form stand es aber auch als „Sprechgalvanometer" als Empfänger in Verwendung. Der Empfang von Telegrammen mittels eines Spiegelgalvanometers hatte jedoch in zwei Schritten zu geschehen. Im ersten Schritt galt es die Ausschläge, die über einen optisch mit einem Spiegel erzeugten Lichtzeiger sichtbar gemacht wurden, als Morsesignale zu registrieren. Im zweiten Schritt mussten diese in den schriftlichen Text übersetzt werden. Mit Zunahme des Telegrammverkehrs über Seekabel war es notwendig eine Verbesserung zu erreichen. Da in der Regel rund um die Uhr in zusammenhängender Folge Telegramme ankamen, war es dringend ein Empfangsgerät zur Verfügung zu haben, welches automatisch die ankommenden Signale registrierte. Mit dem von William Thomson im Jahre 1867 erfundenen Siphon-Recorder (Heberschreiber) wurde dafür eine Lösung gefunden. Die erforderliche Empfindlichkeit wurde durch ein Empfangssystem erreicht, das die Signale berührungslos auf einem Papierstreifen festhielt. Dies gelang dadurch, dass durch das Empfangssignal mittels eines empfindlichen Galvanometers ein Glasröhrchen bewegt wurde, welches mittels elektrostatischer Kräfte Tinte auf den bewegten Papierstreifen spritzte und damit das empfangene Signal in Kabelschrift festhielt. Zur Erzeugung der elektrostatischen Kraftwirkung sorgte beim Siphon-Recorder ein Hochspannungs-Generator in der Art einer Influenzmaschine, der sogenannten

„Mouse Mill“. Der Siphon-Recorder kann mit dieser berührungslosen Drucktechnik durchaus als ein Vorfahre unserer heutigen Tintenstrahldrucker für Computer gelten. Er wurde im Laufe der Jahre ständig verbessert und stand lange in praktischer Verwendung.

Elektrische Eigenschaften von Seekabeln

Die Einführung der Morsetelegraphie über Seekabel stellte die Ingenieure und Physiker vor neue Probleme die gelöst werden mussten. Bei der Telegraphie über Land mittels isolierter über der Erde geführter Leitungen waren in der Vergangenheit keine besonders schwierigen technischen oder physikalischen Aufgaben die Elektrizität betreffend angefallen. Die Kenntnis des Ohmschen Gesetzes und der praktische Umgang mit Elektromagneten stellten dafür die wichtigsten physikalischen Grundlagen dar. Bei langen Leitungen konnte mit einem empfindlichen Empfangsrelais mittels einer Ortsbatterie verstärktes Signal erhalten werden. Bei langen Seekabeln, wie zum Beispiel bei den Atlantik-Kabeln, lagen jedoch andere Bedingungen vor. Die an der Empfangsseite ankommenden elektrischen Signale waren zu schwach um den korrekten Empfang über ein empfindliches Relais zu garantieren. Es galt Empfänger zu entwickeln, die imstande waren, auch bei sehr kleinen Empfangsströmen die Morsezeichen noch anzuzeigen. In den frühen Jahren der Seekabel-Telegraphie hat sich dafür das von William Thomson erfundene Spiegelgalvanometer angeboten. Dieses war ursprünglich als empfindliches elektrisches Messgerät in Verwendung und als solches auch zur Kontrolle bei Kabellegungen eingesetzt worden. Nun konnte es auch als „Sprechgalvanometer“ seinen Dienst tun. In den späteren Jahren hat sich aber als Empfänger der Siphon-Recorder (Heberschreiber), der ebenfalls eine Erfindung (1867) von William Thomson war, durchgesetzt. Damit konnte die Telegraphier- Geschwindigkeit, gemessen in Wörtern pro Minute (ein Wort benötigt im Durchschnitt 18 elektrische Impulse des polarisierten Morsecodes), wesentlich erhöht werden. Die maximal zu erreichende Telegraphier-Geschwindigkeit hängt neben der Art der Geräte für das Senden (Doppeltaste zum Geben des polarisierten Morsecodes, Maschinensender nach Wheatstone) und für das Empfangen (Sprechgalvanometer, Siphon-Recorder) auch von den elektrischen Eigenschaften des Seekabels ab. Von William Thomson war bereits im Jahre 1855 für die als homogen angenommene Telegraphenleitung eine Gleichung entwickelt worden, die einen Zusammenhang zwischen den dort auftretenden elektrischen Größen eines Signals (elektrischer Strom, elektrische Spannung) und den Materialkonstanten der Leitung angibt. In allgemeiner Form lautet diese Gleichung

$$\delta^2U/dx^2 = ARU + (AL+KR)\,\delta U/dt + KL\delta^2U/dt^2$$

Darin bedeutet A den Leitwert, R den ohmschen Widerstand, L die Induktivität und K die Kapazität, jeweils gemessen an einem Stück der Leitung der Länge von 1 Meter. Für U kann sowohl die dort herrschende elektrische Spannung als auch der elektrische Strom genommen werden. Die Gleichung stellt mathematisch eine lineare partielle Differentialgleichung in der Ortsvariablen x und der Zeitvariablen t dar.

Im Falle eines Seekabels für Telegraphie können in erster Annäherung der Leitwert A und die Induktivität L vernachlässigt werden, d.h. zu Null gesetzt werden. Damit bekommt die obige Gleichung die Form

$$\delta^2U/dx^2 = KR\delta U/dt$$

Diese Gleichung ist die berühmte „Telegraphengleichung" wie sie von William Thomson für Seekabel für den praktischen Fall vorgeschlagen worden war. Mit ihrer Lösung durch Integration kann der Verlauf eines am Eingang des Kabels angelegten elektrischen Signals am Ausgang des Kabels mit einer gewissen Genauigkeit bestimmt werden. Die Formel dafür, die als Reihenentwicklung angegeben werden kann, ist kompliziert und soll hier nicht angegeben werden. Es genügt, um die Art der Lösung anzugeben, dafür eine graphische Darstellung. Das untenstehende Bild zeigt, dass das Anliegen einer konstanten Spannung in Form einer „Sprungfunktion" am Anfang des Kabels am Ende des Kabels eine exponentiell ansteigende Kurve M ergibt. Dagegen erscheint für einen an den Eingang angelegten Rechteckimpuls, wie solche durch den Morsecode erzeugt werden, am Ausgang des Kabels eine hügelartige Funktion. Der Impuls wird also abgeflacht und ist nur mehr verschwommen zu erkennen.

Ein kurzer Impuls ist am Ausgang kaum noch als solcher zu erkennen. Dies gilt auch für sehr lange Impulse gilt. Beim Senden mit einer Doppeltaste und auch beim maschinellen Senden kann eine optimale Breite für den Impuls, um diesen am Ausgang wieder erkennen zu können, gefunden werden. Bei der Wiedergabe eines in polarisierten Morsecode gesendeten Signals durch einen Siphon-Recorder erscheint dieses auf dem Papierstreifen in der sogenannten „Kabelschrift", als eine wellenförmige Aufeinanderfolge von Bergen und Tälern. Die in Morsecode eingegebenen positiven Impulse (für Punkte) und negativen Impulse (für Striche) sind miteinander verschwommen. Der an der Auswertung am Empfangsort tätige Telegraphist muss daraus das in Morsecode gesendete Signal ablesen können. Die Telegraphier- Geschwindigkeit darf nicht zu hoch sein. Theoretische Überlegungen und die praktische Erfahrung haben gezeigt, dass diese den Wert von k(1/KR), wobei k eine Konstante, K die Kapazität und R der ohmsche Widerstand (jeweils bezogen auf eine Länge von 1 Meter) ist, nicht überschreiten darf (KR- Gesetz von William Thomson). Daraus ist zu schließen, dass Seekabel mit kleinen Werten für K und R eine höhere Telegraphier- Geschwindigkeit erlauben. Als praktisches Beispiel dazu sei angeführt, dass beim amerikanischen Pazifik-Kabels vom Jahre 1902 die mit der Erzeugung des Kabels befasste englische Kabelfirma TC&M die Forderung erfüllen musste, dass das Kabel so zu konstruieren war, dass damit eine Telegraphier- Geschwindigkeit von mindestens 25 Wörter von je 5 Buchstaben in einer Minute möglich war.

H.W. Malcolm: The Theory of the Submarine Telegraph and Telephone Cable, London 1917

Das Buch von Malcolm gilt als ein Hauptwerk. Es behandelt in mathematischer Weise die elektrischen Eigenschaften von Seekabeln und von Telefon-Landkabeln. In Teil I (S.1-84) werden dazu die mathematischen Grundlagen gebracht. Teil II (S. 85- 228) ist den Telefon Kabeln gewidmet. Dazu wird für periodische Erregung die Lösung der Telegraphengleichung gezeigt, es folgt die genaue Behandlung des Pupinkabels. Teil III (S. 229- 334) befasst sich mit den Einschwing-Phänomenen eines Telegraphenkabels. Die Teile IV und V (S. 335-545) demonstrieren an praktischen Beispielen einzelne Methoden zur Erzielung einer verzerrungsfreien Übertragung der Telegraphiezeichen.

Malcolm 1917

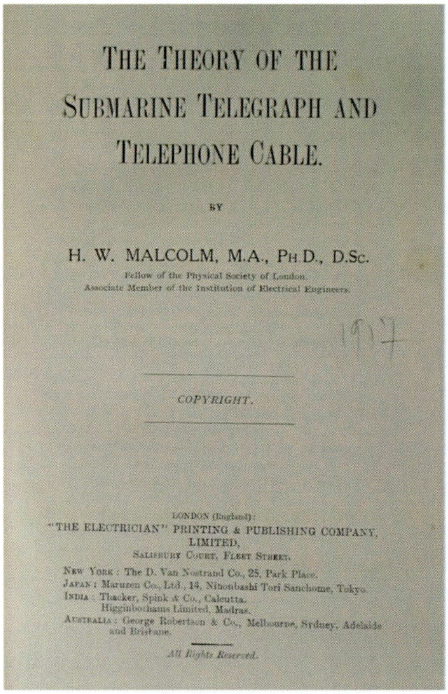

Malcolm 1917

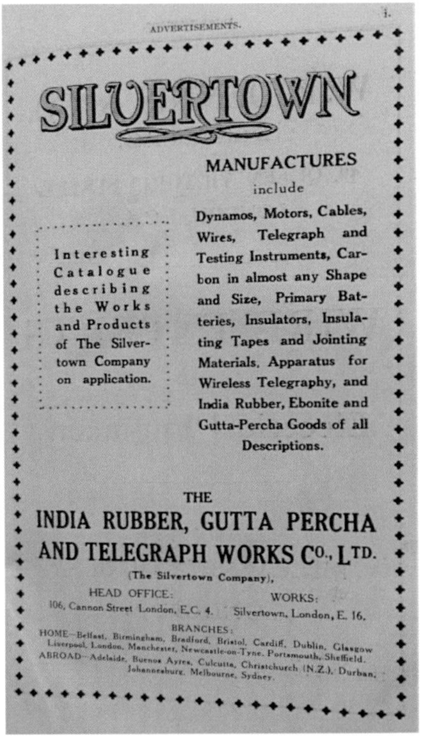

Reklame, Malcolm 1917

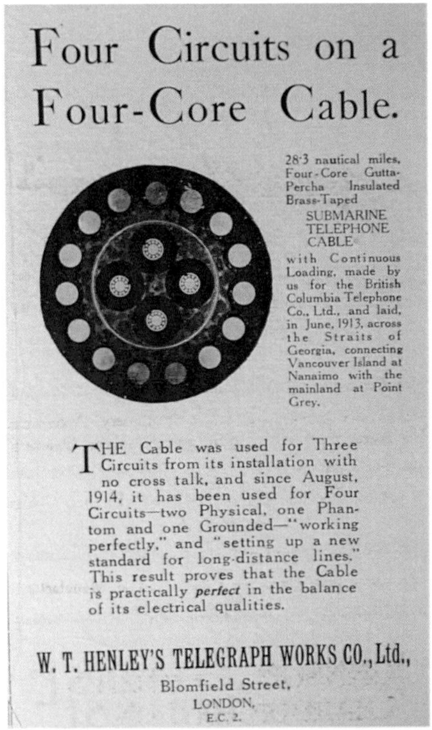

Reklame, Malcolm 1917

H. Thurn: Die Seekabel unter besonderer Berücksichtigung der deutschen Seekabeltelegraphie, Verlag von S. Hirzel, Leipzig 1909

Dieses in allgemein verständlicher Weise verfasste Buch zeigt, dass neben England auch in Deutschland den Seekabeln in Theorie und Praxis große Aufmerksamkeit gewidmet wurde. Das erste Kapitel behandelt die Technik. Neben der in verständlicher Weise dargestellten Theorie und der eingesetzten Apparate (S. 1-35) wird auch die Fabrikation der Seekabel behandelt (S.36- 59). Daran folgen Ausführungen zu den bereits verlegten Unterseekabeln in Deutschland. Den Abschluss bildet die Beschreibung der dabei eingesetzten Kabelschiffe und die damit durchgeführten Verlegungs- und Instandsetzungsarbeiten. Das Zweite Kapitel ist der geschichtlichen Entwicklung des Weltkabelnetzes gewidmet (S. 120-133), im dritten Kapitel wird die Konkurrenz zu England diskutiert. Das vierte Kapitel (S. 146- 182) Behandelt die deutschen Seekabellinien und die dafür zuständigen Gesellschaften. Die abschließenden Kapitel (S. 183-288) sind den ökonomischen, politischen und rechtlichen Themen, die bei Seekabel zu beachten sind, gewidmet. Das Werk ist mit zahlreichen Zeichnungen und Fotografien illustriert. Ein große Weltkabelkarte, die den Stand im Jahre 1907 wiedergibt, ist beigegeben. Dieses Buch gehört die deutsche Seekabeln betreffend sicher zu den wichtigsten dazu vorhandenen Dokumenten.

Die

Seekabel

unter besonderer Berücksichtigung

der

deutschen Seekabeltelegraphie.

In technischer, handelswirtschaftlicher, verkehrspolitischer und strategischer Beziehung dargestellt

von

H. Thurn,

Ober-Postpraktikant in Coblenz.

Mit 1 Weltkabelkarte und 105 Abbildungen im Text und auf drei Tafeln.

Leipzig
Verlag von S. Hirzel
1909.

Thurn 1909

Bewohner von Yap, Thurn 1909

Kabeldampfer „Stephan“

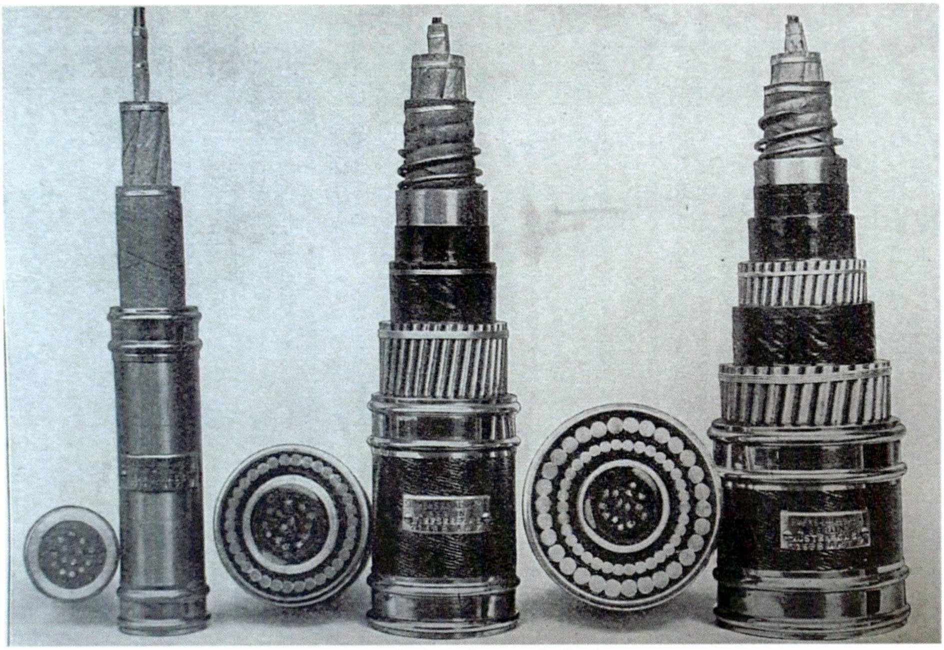

Pupin-Bodenseekabel

O. Moll: Die Unterseekabel in Wort und Bild, Cöln 1904
E. Neumann (Hrsg.): „Neander“: Internationaler Telegrafenschlüssel für Reisende, Buenos Aires- Berlin 1912

Dieses mit vielen Bildern gestaltetes Buch zu den Unterseekabeln ist in drei Teile unterschiedliche Teile gegliedert. Im 1. Teil (S.1-58) wird unter dem Titel „Der Lebenslauf eines Kabels“ die Produktion (bei den Norddeutschen Seekabelwerken in Nordenham- heute ein Werk für Glasfaserkabel), die für die Legung eingesetzten Kabelschiffe (Stephan, von Podbielski), die Legung selbst, die Apparate und die Reparatur der Kabel anschaulich behandelt. Der 2. Teil befasst sich mit der Geschichte der Kabeltelegraphie in Deutschland (S. 59-118). Im 3. Kapitel (S. 119- 131) wird auf die Bedeutung der Seekabel für Deutschland eingegangen.

Das Buch „NEANDER“ herausgegeben von E. Neumann (neben in deutscher auch in spanischer Sprache) besteht im wesentlichen Teil aus einer Liste von im Geschäftsbetrieb vorkommenden Sätzen, Redewendungen und Wörter, zusammen mit den dafür einsetzbaren „NEANDER Code“ zur telegraphischen Übermittlung derselben. Es geht dabei um den Telegraphenverkehr über Seekabel von Deutschland nach Südamerika. Im Vorwort wird angegeben, dass durch die damit erreichte Kompression der Länge die Telegrammgebühr im Durchschnitt um das 20 fache reduziert werden kann.

Moll 1904

Neumann 1912

Seekabel-Telegraphenstation in Horta (Azoren), Moll 1904

Dr. August Röper: Die Unterseekabel. Leipzig 1910

Im Gegensatz zu den Werken von Bright und Thun, die hauptsächlich den mit Unterseekabeln befassten Ingenieur ansprechen, betont dieses Buch, das aus einer Doktor- Dissertation der rechts- und staatswissenschaftlichen Fakultät der Universität Würzburg hervorgegangen ist, die betriebswirtschaftliche Seite der Unterseekabel. Darüber hinaus wird auch die internationale Entwicklung des Seekabelwesens und die dafür auf internationaler Basis abgeschlossenen Regelungen behandelt.

Geschichte der Telegraphie

Dr. Karl Eduard Zetsche: Kurzer Abriss der Geschichte der elektrischen Telegraphie, Berlin 1874

Der Erfolg den die bei der Wiener Weltausstellung des Jahres 1873 die von der deutschen Telegraphen-Verwaltung veranstaltete geschichtliche Ausstellung von Telegraphen-Apparaten hatte, veranlasste den bekannten Fachmann für Telegraphie Dr. Karl Eduard Zetsche, Professor an der Königl. Höheren Gewerbeschule in Chemnitz, zum Verfassen dieser Schrift. Es werden darin alle in Europa bis zu dieser Zeit entstandenen Apparate und sonstigen Geräte, soweit diese als historisch einzustufen sind und in der Telegraphie eine praktische Anwendung gefunden haben, behandelt. Beginnend mit den Nadeltelegraphen und Zeigertelegraphen, spannt sich der Bogen zu den Typendrucktelegraphen und den Instrumenten der Bildtelegraphie. Der Morsetelegraph, dessen Geschichte in der Wiener Weltausstellung offenbar kein Thema war, kommt dabei nicht vor. Von den sonstigen Instrumenten wird die Geschichte des Relais, Der „Handtaster" auch „Schlüssel" genannt, die heutige Morsetaste als Beispiel, genauer dargestellt. Es folgen die Instrumente zur automatischen Stromsendung, die Translatoren und zum Doppel- und Gegensprechen. Den Abschluss bilden hier die Galvanoskope, Wecker- und Läutewerke, Blitzableiter und anderes Gerät. Die 51 in den Text gedruckten Holzschnitte stellen eine weitere Bereicherung dieses Werkes dar.

Th. Karrass: Geschichte der Telegraphie, Braunschweig 1906

Das in der bekannten Serie „Telegraphen- und Fernsprech-Technik"
vom Herausgeber dieser Serie Th. Karrass, Ober-Telegrapheningenieur im Reichs-Postamt, selbst verfasste Werk zur Geschichte der Telegraphie im Umfang von 702 Seiten, gibt einen umfassenden Einblick zum Entstehen dieses wichtigen Bestandteils unserer Zivilisation. Im ersten Teil werden die „nichtelektrischen" Telegraphen deren physikalische Funktion mechanisch,

hydraulisch, pneumatisch, akustisch oder optisch realisiert wird. Nach Behandlung der Versuche mittels der Reibungselektrizität zu telegraphieren und der Darstellung der Stromquellen für die „Galvanoelektrizität“ werden erst im vierten Abschnitt (S. 110- 449) die Telegraphen, die mit elektrischen Strömen funktionieren, behandelt. Davon bekamen nur die Telegraphen in denen der Elektromagnet der wichtigste Baustein ist, die wichtigste praktische Bedeutung. Es sind dies die Zeigertelegraphen, die Drucktelegraphen und die Schreibtelegraphen. Bei den Zeigertelegraphen werden von Karrass mehr als zehn Beispiele angegeben, wobei als wichtigste die von den Breguet in Frankreich, Stöhrer, Siemens& Halske und Kramer in Deutschland, und Wheatstone in England genannt werden können. Zu den Drucktelegraphen seien hier die von House, Hughes und Phelps als wichtigste genannt. Zu den Schreibtelegraphen wird die Geschichte der Morsetelegraphie genau dargestellt. Die Abschnitte 5,6 und 7 des Buches von Karrass sinde dem Telephon und Mikrophon, dem Blitzschutz und den technischen Zentralen gewidmet.

Dr. Richard Hennig: Die Älteste Entwicklung der Telegraphie und Telephonie, Leipzig 1908

Dr. Richard Henning, Ingenieur der Firma Siemens & Halske in Berlin, gibt in allgemein verständlicher Form einen Überblick über die Entwicklung der Telegraphie. Diese schließt sowohl die nichtelektrischen, wie die optischen und akustischen Verfahren dazu, als auch im besonderen die elektrische Telegraphie ein. Der Geschichte der Seekabel und der Erfindung des Telephons sind die weiteren Kapitel gewidmet. Die 199 Seiten des Buches sind mit insgesamt 61 Abbildungen illustriert.

Artur Kunert: Die Entwicklung des Fernmeldewesens für den öffentlichen Verkehr. Teil I. Telegraphie. Berlin 1931

Dieses kleine Buch im Umfang von 267 Seiten, verfasst von Artur Kunert, Ministerialrat im Reichspostministerium, enthält eine Fülle von geschichtlichen Fakten das Gesamtgebiet der Telegraphie betreffend. Neben anderen wichtigen Themen wird die Apparatetechnik (S. 31- 123) ausführlich behandelt. Eine Zeittafel und ein ausführliches Namen- und Sachverzeichnis ergänzen den historisch präzisen Text.

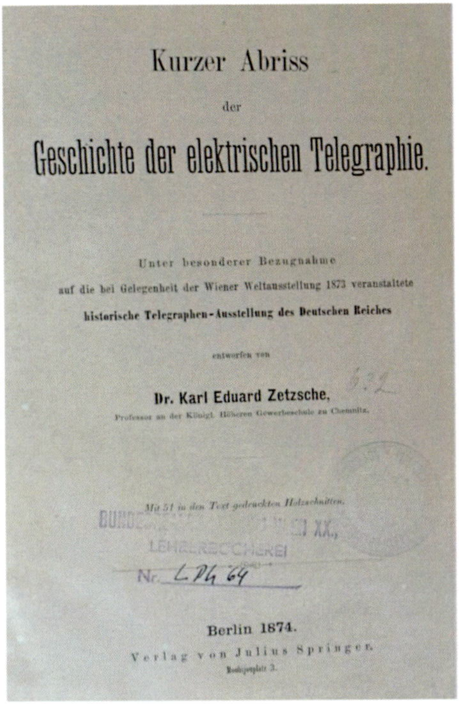

Zetsche 1874

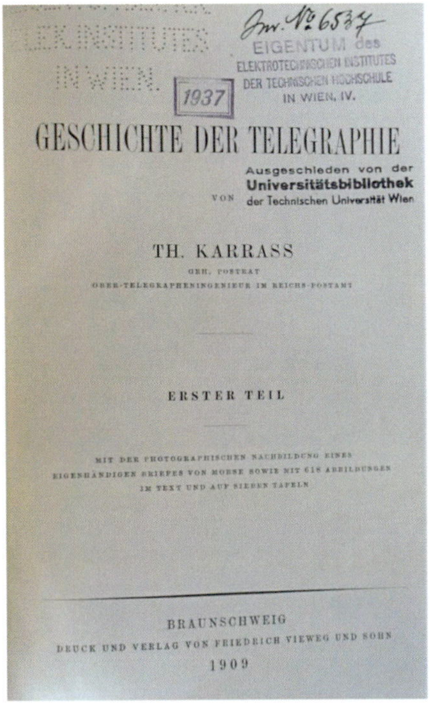

Karrass 1906

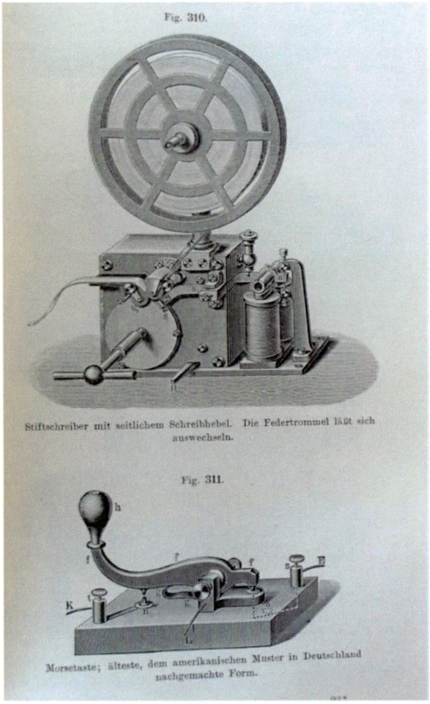

Karrass 1906

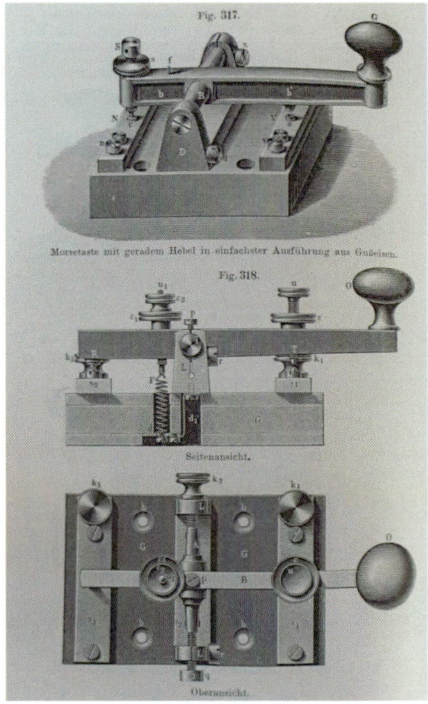

Karrass 1906

WISSEN UND KÖNNEN

SAMMLUNG VON EINZELSCHRIFTEN AUS REINER UND ANGEWANDTER WISSENSCHAFT HERAUSGEGEBEN VON PROF. DR. B. WEINSTEIN

DR. RICHARD HENNIG

DIE ENTWICKELUNG DER TELEGRAPHIE UND TELEPHONIE

LEIPZIG · VERLAG VON JOHANN AMBROSIUS BARTH

Hennig 1908

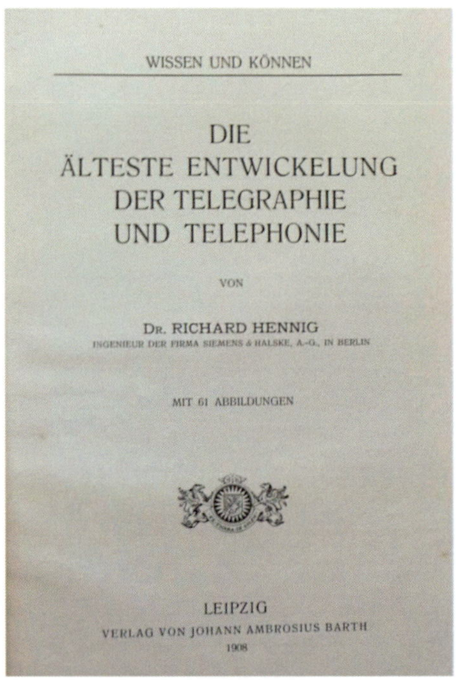
WISSEN UND KÖNNEN

DIE ÄLTESTE ENTWICKELUNG DER TELEGRAPHIE UND TELEPHONIE

VON

DR. RICHARD HENNIG

INGENIEUR DER FIRMA SIEMENS & HALSKE, A.-G., IN BERLIN

MIT 61 ABBILDUNGEN

LEIPZIG

VERLAG VON JOHANN AMBROSIUS BARTH

1908

Hennig 1908

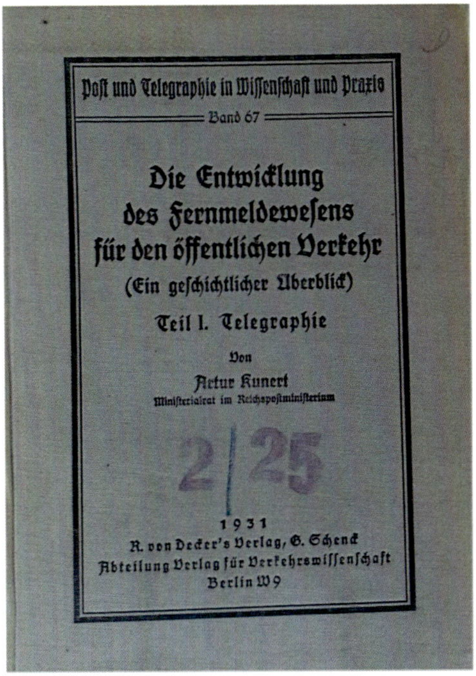

Post und Telegraphie in Wissenschaft und Praxis
Band 67

Die Entwicklung des Fernmeldewesens für den öffentlichen Verkehr
(Ein geschichtlicher Überblick)
Teil I. Telegraphie

Von
Artur Kunert
Ministerialrat im Reichspostministerium

2|25

1931
R. von Decker's Verlag, G. Schenck
Abteilung Verlag für Verkehrswissenschaft
Berlin W9

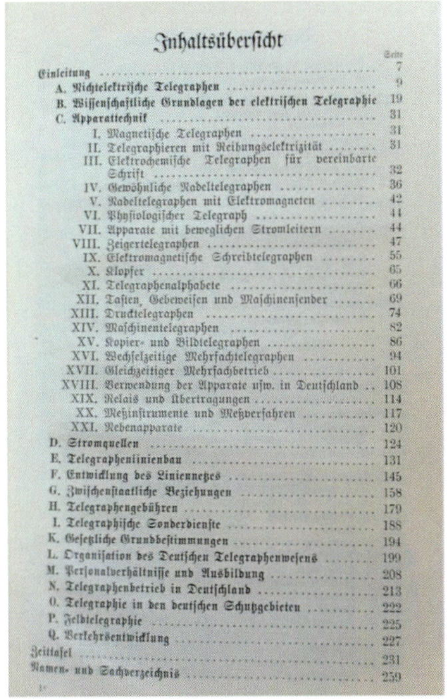

Inhaltsübersicht

Sammlung von Telegrammen

Originale von ca 50 Telegrammen, hauptsächlich von Stationen des deutsch-österreichischen Telegraphenvereins, 1864-1872

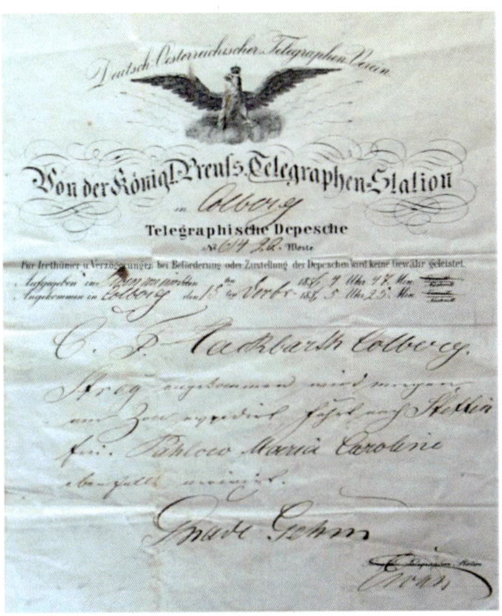

Deutsch-Österreichischer Telegraphen-Verein

Von der Königl. Preuss. Telegraphen-Station in Colberg

Telegraphische Depesche

Für Irrthümer u. Verzögerungen bei Beförderung oder Zustellung der Depeschen wird keine Gewähr geleistet.

C. F. Hackbarth Colberg.

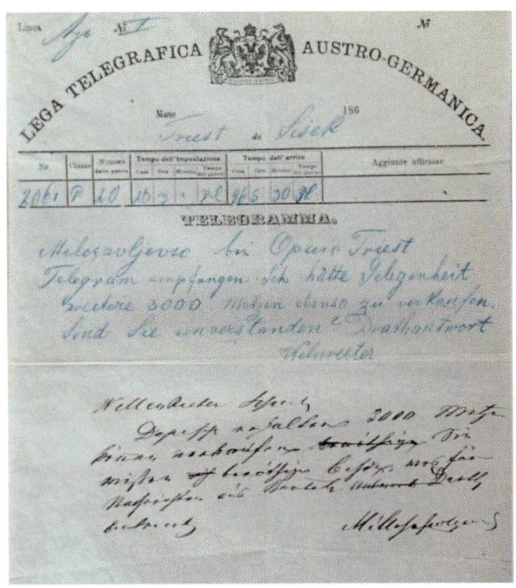

LEGA TELEGRAFICA AUSTRO-GERMANICA

Triest Sisek

TELEGRAMMA.

Telegram empfangen. Ich hätte Gelegenheit

Sind Sie einverstanden? Drahtantwort

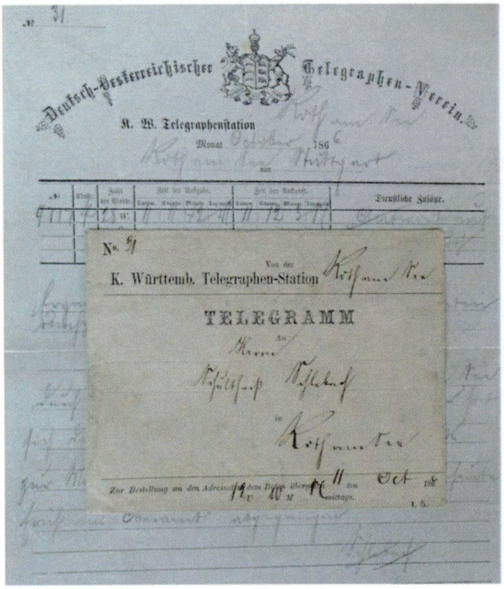
Deutsch-Oesterreichischer Telegraphen-Verein.
K. W. Telegraphenstation
K. Württemb. Telegraphen-Station
TELEGRAMM

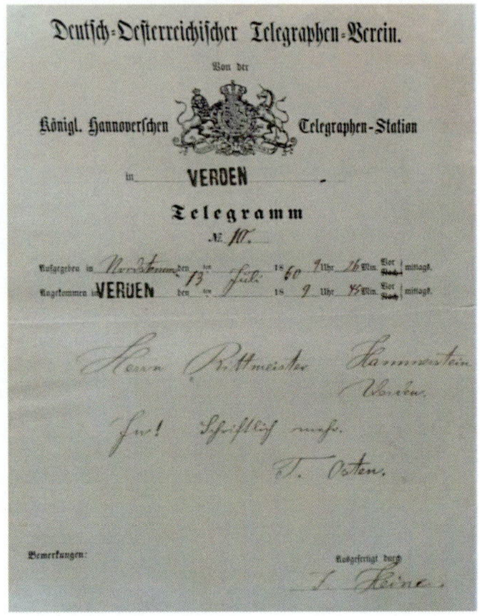
Deutsch-Oesterreichischer Telegraphen-Verein.
Von der
Königl. Hannoverschen Telegraphen-Station
in VERDEN
Telegramm
Aufgegeben in
Angekommen in VERDEN
Bemerkungen:
Ausgefertigt durch

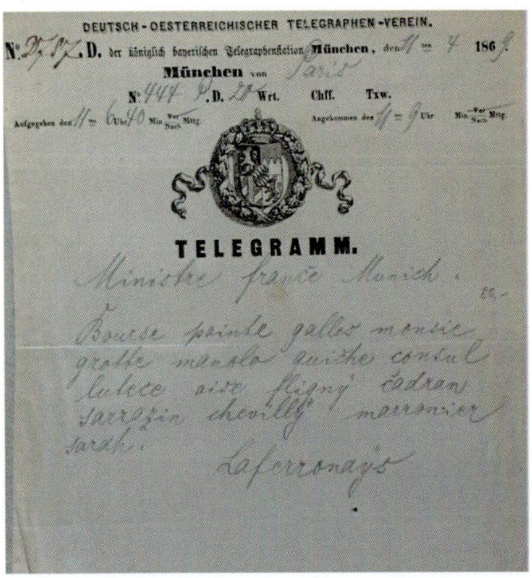
DEUTSCH-OESTERREICHISCHER TELEGRAPHEN-VEREIN.
D. der königlich bayerischen Telegraphenstation München,
München von Paris
TELEGRAMM.
Laferronays

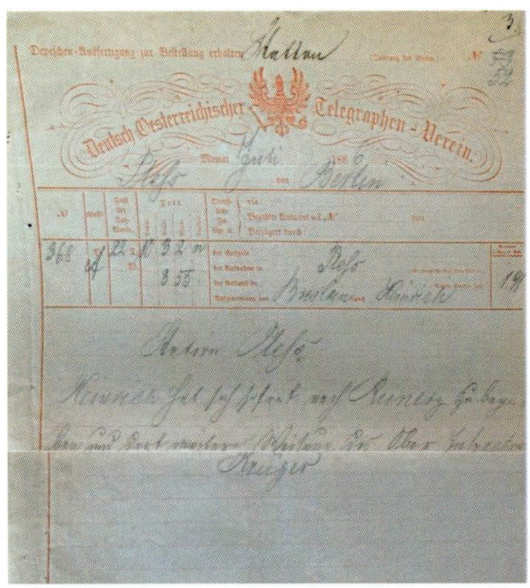
Depeschen-Ausfertigung zur Bestellung erhalten
Deutsch-Oesterreichischer Telegraphen-Verein.
von Berlin

Wichtige Spezialwerke zur Telegraphie

The Electric Telegraph Company´s Map of Europe (1853, Leinen-Falttafel)

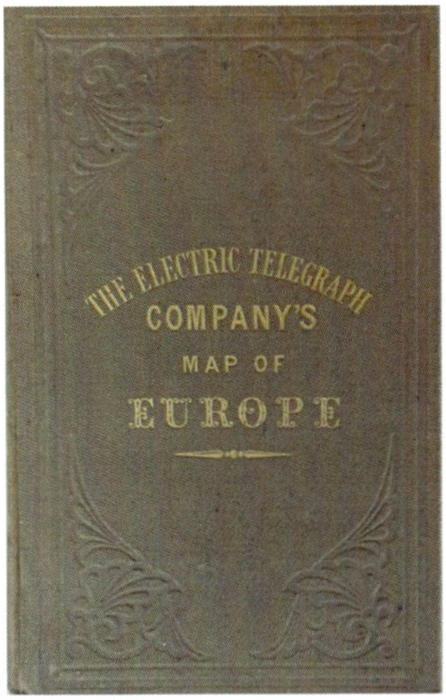

Leinen Falttafel der Größe 120 / 80 cm mit Tafel Namen der einzelnen angemerkten Telegraphenstation

Zeitschrift des deutsch-österreichischen Telegraphenvereins, Jahrgänge I-XV (alles), Berlin 1854- 1868

Teil 3: Von den Hertzschen Wellen zur Drahtlosen Telegraphie

Werke zur Entwicklung der Drahtlosen Telegraphie

Eine der wichtigsten Erfindungen in der Geschichte der Menschheit ist wohl mit der drahtlosen Telegraphie, der Übertragung von Schriftzeichen mittels elektromagnetischer Wellen, gegeben. Die physikalische Grundlage der drahtlosen Telegraphie wurde durch die Arbeiten von Maxwell und Hertz geschaffen. Marconi hat neben anderen Erfindern den Verdienst, die drahtlose Telegraphie als erster erfolgreich in der Praxis eingesetzt zu haben. Damit entstand als neue elektrotechnische Disziplin das Fach Funktechnik, das sich später durch die Radio- und Fernsehtechnik erweiterte.

Im ersten Teil der Schrift werden die Werke von Maxwell und Hertz sowie weiteren Pionieren des Gebietes der elektromagnetischen Wellen angeführt. Im darauffolgenden umfangreichen zweiten Teil wird die technische Entwicklung der Funktechnik, wie sich diese im Rahmen der drahtlosen Telegraphie entwickelte, durch wichtige Bücher dargestellt. Viele dieser Bücher sind derzeit im Handel wenn überhaupt dann meistens nur in digitalisierter Form oder nur als Nachdrucke zu erwerben. Originalwerke aus der Zeit sind bereits selten geworden.

Die einzelnen Werke sind nur dem Titel nach mit Erscheinungsort und Erscheinungsdatum angegeben. Zu den einzelnen Werken werden jedoch soweit als möglich biographische Angaben zum Autor und zum Inhalt gegeben. Ebenso werden zu einzelnen Büchern typische Abbildungen daraus gezeigt.

Station für drahtlose Telegraphie, System „Telefunken“ 1905 (aus Arendt)

Erforschung der elektromagnetischen Wellen

James Clerk Maxwell: A Treatise on Electricity and Magnetism, Vol I,II, London 1873

Maxwell versuchte in seiner Publikation „Physical lines of forces“ das von Faraday entwickelte Konzept der Feldlinien mathematisch zu erfassen. In der Folge erschien 1865 seine wichtige Arbeit zur dynamischen Theorie des elektromagnetischen Feldes. In dieser Arbeit führte er das Konzept des Verschiebungsstromes ein und lieferte auch eine elektromagnetische Theorie des Lichtes. In seinem bekannten Hauptwerk „A Treatise on Electricity and Magnetism,Vol I, II, London 1873” findet man das System von Gleichungen, wie man diese heute als die „Maxwellschen Gleichungen“ kennt, allerdings verfasst in kartesischen Koordinaten. Das Buch von Maxwell gehört zu den wichtigsten Werken der Elektrodynamik. Die Vorstellung dass die elektrischen Kraftwirkungen mittels der Ausbreitung einer elektromagnetischen Welle zu erklären sind, wird heute allgemein akzeptiert. Mit diesem Werk von Maxwell trat nun im Gegensatz zur „Fernwirkungstheorie“ von Weber für elektromagnetische Wellen die „Nahwirkungstheorie“ in den Vordergrund.

Maxwell I,II 1881

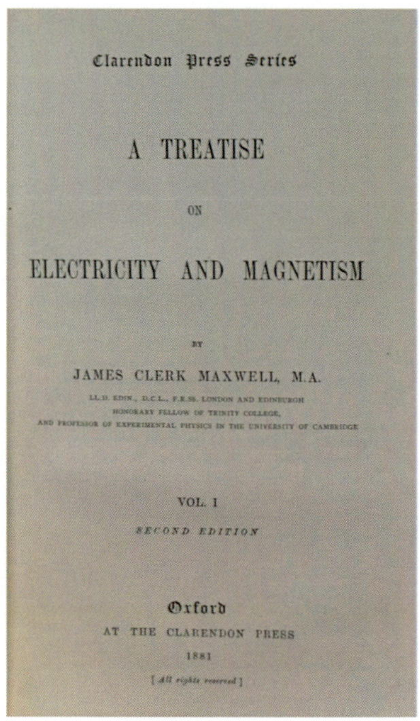

Maxwell I, Titel

Heinrich Hertz: Untersuchung über die Ausbreitung der elektrischen Kraft Stuttgart 1892

Heinrich Hertz wurde am 22. Februar 1857 in Hamburg geboren. Nach dem Unterricht in einer Privatschule legte er am „Joanneum" in Hamburg 1975 das Abitur ab. Nach seinem kurzen polytechnischen Studium in Dresden und München, das ihn nicht befriedigte, wechselte er 1877 zum Studium der Naturwissenschaften an die Universität München und 1878 an die Universität Berlin, wo Hermann Helmholtz sein wichtiger Lehrer und Förderer werden sollte. Schon 1880 promovierte er dort mit der Arbeit „Über die Induktion in rotierenden Kugeln" und bekam eine Assistentenstelle bei Helmholtz. Im Jahre 1883 habilitierte sich Hertz in Kiel. Der Ruf auf eine Professur für „Theoretische Physik" dort blieb aber aus. Im März 1885 trat Hertz als Nachfolger von Ferdinand Braun die Professur für Physik an der Technischen Hochschule Karlsruhe an. Im Jahre 1889 wechselte Hertz als Professor nach Bonn. Nach erfolgloser ärztlicher Behandlung einer Kiefervereiterung starb Heinrich Hertz am 1. Januar 1894 an einer Blutvergiftung.

In der zweiten Hälfte des 19. Jahrhunderts standen sich zur Erklärung der Elektrodynamik zwei Schulen gegenüber, die Vertreter einer „Fernwirkungstheorie", die auf die Ergebnisse von Ampere und Weber aufbaute und die Vertreter einer „Nahwirkungstheorie", die sich an die Feldvorstellungen von Faraday und an der von Maxwell dafür geschaffenen Theorie der elektromagnetischen Wellen, die sich analog zum Licht im Raum ausbreiten, orientierte. Es gelang Heinrich Hertz mit seinen Experimenten die Existenz der von Maxwell vorausgesagten elektromagnetischen Wellen zu bestätigen, womit ab diesem Zeitpunkt die Nahwirkungstheorie allgemein akzeptiert wurde.

Mit den von Heinrich Hertz in Karlsruhe in den Jahren 1886-1888 erzielten Ergebnissen war nicht nur die gestellte Frage zugunsten der Nahwirkungstheorie beantwortet, sondern es war im besonderen damit die physikalische Grundlage für die Entwicklung der Funktechnik und der damit verbundenen Nachrichtentechnik, geschaffen.

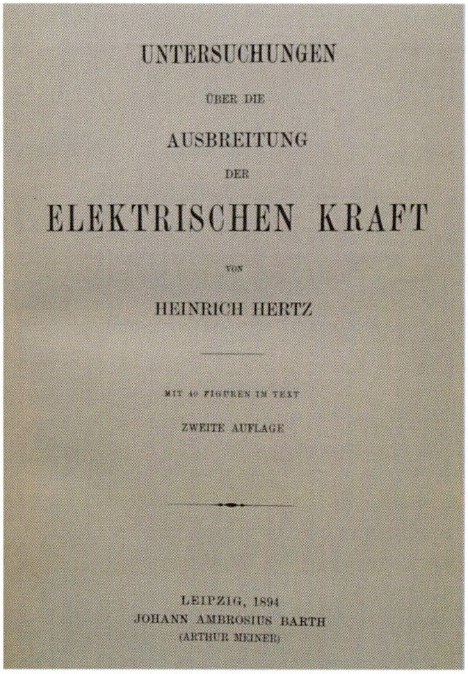
UNTERSUCHUNGEN

ÜBER DIE

AUSBREITUNG

DER

ELEKTRISCHEN KRAFT

VON

HEINRICH HERTZ

MIT 40 FIGUREN IM TEXT

ZWEITE AUFLAGE

LEIPZIG, 1894
JOHANN AMBROSIUS BARTH
(ARTHUR MEINER)

Heinrich Hertz 1894

Oliver J. Lodge: Neueste Anschauungen über Elektricität, Leipzig 1896

Oliver Lodge wurde 1851 bei Stoke-on-Trent in England geboren. Er beendete bereits im Alter von vierzehn Jahren seine Schulausbildung und arbeitete anschließend in der Firma seines Vaters, die Ton für die Keramikfirmen lieferte. Im Alter von achtzehn Jahren begann er an der Universität von London das Studium der Naturwissenschaften das er im Jahre 1877 mit dem Doktorat beendete. 1881 wurde er Professor für Physik und Mathematik am College der Universität von Liverpool. Von 1900 an war er bis zu seiner Pensionierung Professor an der Universität von Birmingham. Ausgehend vom „Treatise“ von Maxwell führte Lodge zahlreiche Experimente mit elektrisch erzeugten Funken durch, deren Ergebnisse durchaus in der Nähe der von Hertz 1887 erzielten Resultate lagen. Er berichtete darüber im Jahre 1888 auf einem Meeting in Bath und dann auch 1894 bei einem Vortrag der „British Association for the Advancement of Science“ in Oxford. In diesem Vortrag zeigte Lodge auch, wie mittels eines Funkensenders an einen mit dem Kohärer von Branly ausgestatteten Empfänger Signale übertragen werden konnten. Seine experimentelle Anordnung entsprach weitgehend der später von Marconi verwendeten Schaltung mit der die „Drahtlose Telegraphie“ begann. Die dazu von Lodge gegenüber Marconi geforderten Patentansprüche blieben erfolglos.
Ein in diesem Zusammenhang wichtiges Patent zum abgestimmten Senden und Empfangen („syntonic tuning“) erhielt jedoch Lodge im Jahre 1898. Sein erstes

Buch „Modern Views of Electricity“ erschien in der deutschen Übersetzung mit dem Titel „Neueste Anschauungen über Elektrizität“ vor. Neben Arbeiten in den „exakten“ Naturwissenschaften interessierte sich Lodge mit zunehmendem Alter auch für philosophische Themen.

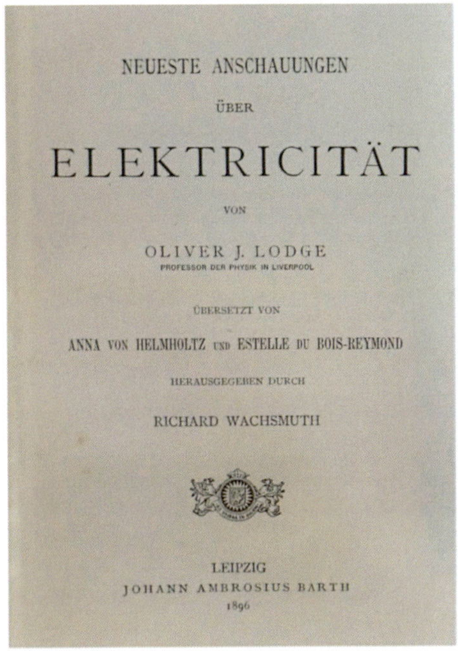
NEUESTE ANSCHAUUNGEN

ÜBER

ELEKTRICITÄT

VON

OLIVER J. LODGE

PROFESSOR DER PHYSIK IN LIVERPOOL

ÜBERSETZT VON

ANNA VON HELMHOLTZ UND ESTELLE DU BOIS-REYMOND

HERAUSGEGEBEN DURCH

RICHARD WACHSMUTH

LEIPZIG

JOHANN AMBROSIUS BARTH

1896

Lodge 1896

Dr Ludwig Boltzmann: Vorlesungen über Maxwells Theorie der Elektricität und des Lichtes, I. Theil Leipzig 1891, II. Theil Leipzig 1893

Der österreichische Physiker Ludwig Boltzmann befasste sich sehr gründlich mit der Elektrodynamik von Maxwell. Die von ihm dazu herausgegebenen Vorlesungen dienten auch Albert Einstein zum Studium der Maxwellschen Gleichungen.

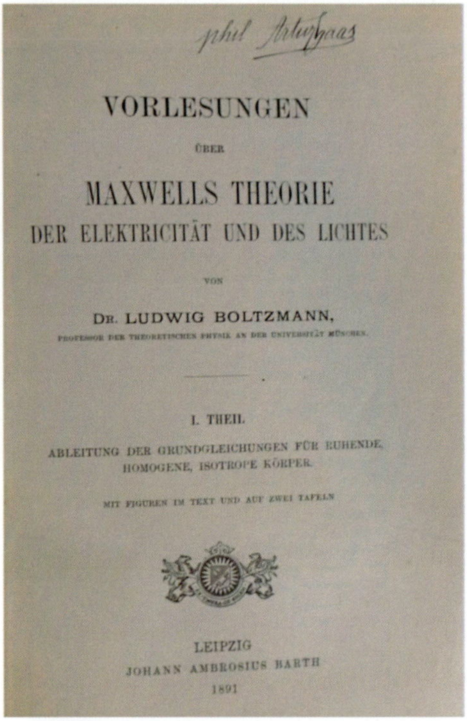

Boltzmann 1891

Dr. Josef Ritter von Geitler: Elektromagnetische Schwingungen und Wellen. Braunschweig 1905

Dr. von Geitler wurde 1870 in Smichov bei Prag geboren. Nach dem Studium der Physik in Bonn und Prag begann er an der k.u.k. deutschen Universität in Prag seine Berufslaufbahn als Privatdozent. Von 1907 bis 1919 war er ordentlicher Professor für Physik in Czernowitz, anschließend in der Zeit nach dem Ersten Weltkrieg Honorardozent an der Technischen Hochschule Graz.
Er starb im Jahre 1923 in Graz. Sein wissenschaftliches Hauptinteresse galt der Erforschung der elektromagnetischen Wellen.

Geitler 1905

Erste Werke zu den Experimenten mit der drahtlosen Telegraphie in Deutschland

Prof. Dr. Slaby: Die Funkentelegraphie. In: Sitzungsberichte des Vereins zur Förderung des Gewerbefleißes 1897, Seite 153- 196 mit 2 Figurentafeln C,D
A.Slaby: Die Funkentelegraphie, Berlin 1897,1901

Adolf Slaby wurde im Jahre 1849 in Berlin geboren. 1872 promovierte er an der königlichen Gewerbeakademie mit einer mathematischen Arbeit zum Dr. phil. und wurde Lehrer für Mathematik und Mechanik an der Gewerbeschule in Potsdam, wo er bis 1882 tätig war. Sein Arbeitsgebiet waren zunächst Heißluft- und Gasmaschinen, aber dann auch Dynamomaschinen und Bogenlampen.
1882 wurde er an die Technische Hochschule Berlin-Charlottenburg als erster Professor für Elektrotechnik berufen. Im Jahre 1897 erhielt Professor Slaby über Vermittlung seines Kollegen Prof. Gisbert Kapp die Einladung an den Versuchen der englischen Postverwaltung mit dem Marconi System teilzunehmen. Auf die damit gewonnene Erfahrung aufbauend konnte Slaby, unterstützt von seinem damaligen Assistenten Graf von Arco erfolgreich ein eigenes System für drahtlose Telegraphie entwickeln. Er fand dafür die

Unterstützung des deutschen Kaisers Wilhelm II und der Allgemeinen Elektrizitäts-Gesellschaft (AEG).

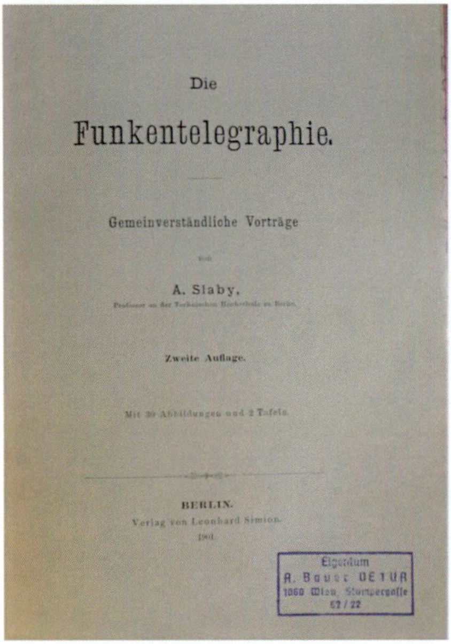
Die

Funkentelegraphie.

Gemeinverständliche Vorträge

A. Slaby,

Zweite Auflage.

Mit 30 Abbildungen und 2 Tafeln.

BERLIN.

Verlag von Leonhard Simion.

Slaby 1897

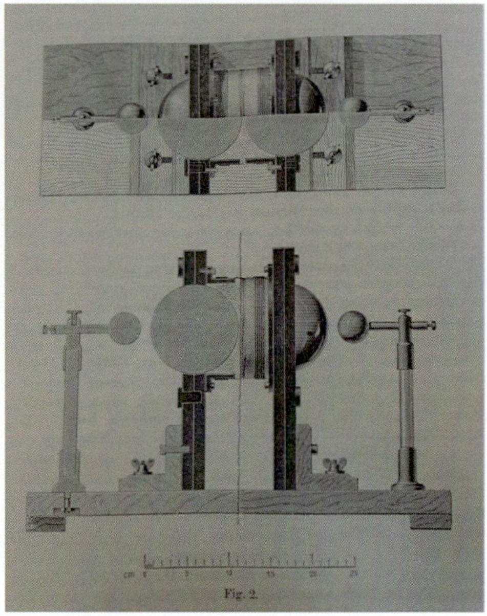

Slaby 1897 Righi Funkenstrecke

Erich Ernecke: Über Elektrische Wellen und ihre Anwendung zur Demonstration der Telegraphie ohne Draht nach Marconi. Berlin 1897

Erich Ernecke war der Sohn von Ferdinand Ernecke, dessen Firma als Erzeuger von physikalischen Lehrmitteln in Hamburg seit 1850 bestand und einen ausgezeichneten Ruf hatte. Als Student und Assistent von Prof. Slaby lernte er die Arbeiten von Marconi kennen. Die hier vorliegende Schrift vom Jahre 1897 gibt den Inhalt eines von Ernecke gehaltenen Vortrages mit Experimenten an. Darin werden nicht nur die Versuche von Hertz jedoch im Besonderen auch der Aufbau eines Righi- Funkensenders und eine Empfangsstation nach Marconi genau dargestellt. Diese Geräte wurden von der Firma seines Vaters an Interessenten verkauft. Die Schrift kann damit neben der Arbeit von Slaby, als eine „Inkunabel“ einer Sammlung für Drahtlose Telegraphie angesehen werden.

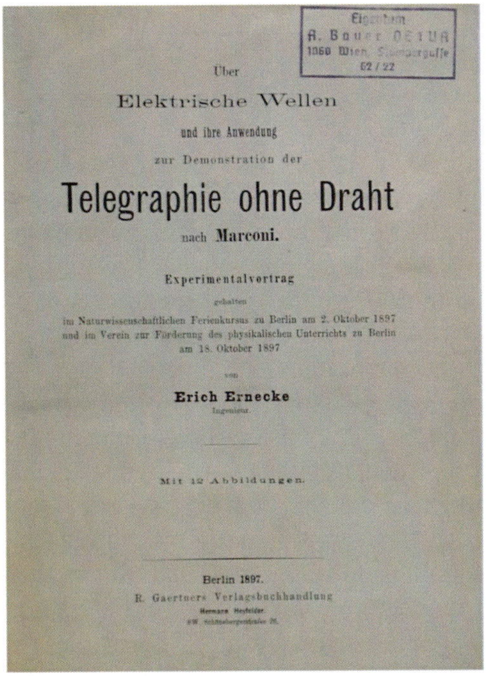

Über

Elektrische Wellen

und ihre Anwendung

zur Demonstration der

Telegraphie ohne Draht

nach **Marconi.**

Experimentalvortrag

gehalten

im Naturwissenschaftlichen Ferienkursus zu Berlin am 2. Oktober 1897 und im Verein zur Förderung des physikalischen Unterrichts zu Berlin am 18. Oktober 1897

von

Erich Ernecke

Ingenieur.

Mit 12 Abbildungen.

Berlin 1897.

R. Gaertners Verlagsbuchhandlung

Hermann Heyfelder

Ernecke 1897

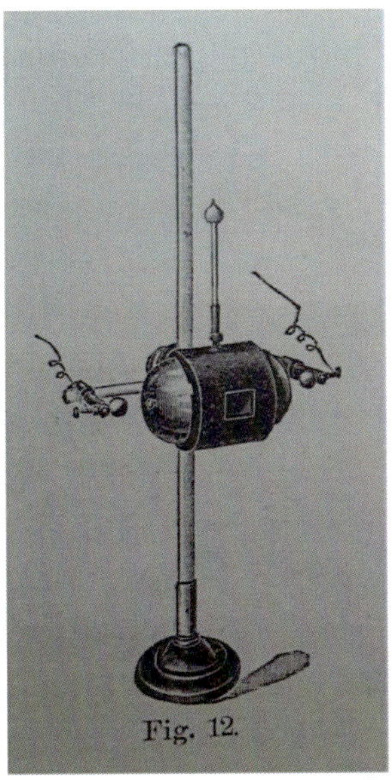

Fig. 12.

Fig. 11.

Ernecke 1897: Righi-Sender und Marconi Kohärer-Empfänger

Ferdinand Braun: Drahtlose Telegraphie durch Wasser und Luft, Leipzig 1901

Ferdinand Braun wurde im Jahre 1850 in Fulda geboren. Nach Besuch des Realgymnasiums studierte er in Marburg und Berlin die Fächer Mathematik und Physik. Zuerst war Braun Assistent an der Gewerbeschule in Berlin, dann nach seiner Promotion im Jahre 1872 in Würzburg. Weitere Stationen waren Leipzig, Würzburg und Strassburg, wo er außerordentlicher Professor für mathematische Physik war. 1883 folgte seine Berufung als ordentlicher Professor für Physik nach Karlsruhe und 1885 nach Tübingen um schließlich im Jahre 1895 wieder zurück nach Strassburg zu gehen. An der Universität Strassburg befasste sich Ferdinand Braun mit Unterstützung der Firma Siemens & Halske schwerpunktmäßig mit dem Gebiet der Drahtlosen Telegraphie und entwickelte 1898 das wichtige Konzept der induktiven Anpassung im Sendeteil zwischen dem primären Kreis, bestehend aus der Funkenstrecke und einem Schwingkreis und dem sekundären Antennenkreis (Braun´scher Sender). Neben diesem wichtigen Beitrag zur drahtlosen Telegraphie hat Braun weitere Erfindungen gemacht, 1898 die Verwendung der Kathodenstrahlröhre zur Aufzeichnung von elektrischen Signalen (Braun´sche Röhre) und die Verwendung des Kristallgleichrichters als Detektor von elektromagnetischen Wellen. Im Jahre 1903 wurde, um die in der Zwischenzeit entstandene Dominanz der Marconi Gesellschaft im Schiffsverkehr zu schwächen, zwischen den Firmen AEG (Slaby) und Siemens & Halske (Braun) eine Kooperation beschlossen und die Firma Telefunken (zuerst „Gesellschaft für Drahtlose Telegraphie“ benannt) gegründet. Telefunken wurde in den folgenden Jahren neben Marconi zu einer der führenden Firmen im Gebiet der Drahtlosen Telegraphie und später der neu entstandenen Radiotechnik. Ferdinand Braun erhielt zusammen mit Marconi im Jahre 1909 den Nobelpreis für Physik. Im Jahre 1914 reiste Ferdinand Braun beruflich in die USA, konnte aber wegen des Ausbruchs des Ersten Weltkrieges nicht mehr die Rückreise antreten und verstarb im Jahre 1918 in New York.

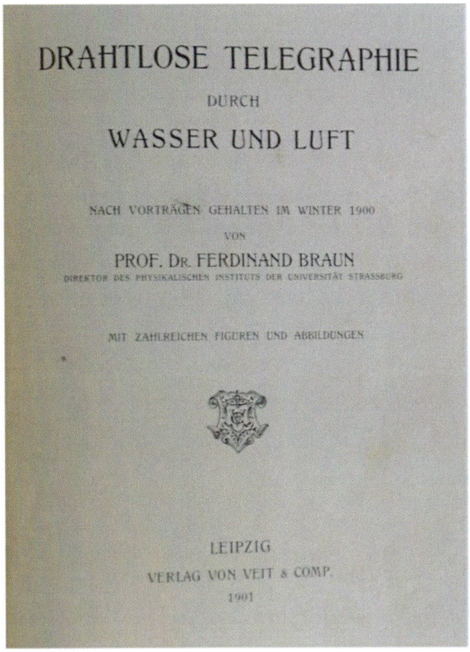

Braun 1901

Erste Experimente und wissenschaftliche Berichte zur drahtlosen Telegraphie in Österreich

Dr. Josef Tuma: Die Telegraphie ohne Draht. In „Schriften des Vereins zur Verbreitung naturwissenschaftlicher Kenntnis in Wien- Populäre Vorträge, Wien 1898, S.394- 415.

Josef Tuma, Dozent für Physik an der k.k. Technischen Hochschule in Wien hielt am 5. Jänner 1897 in Wien einen Vortrag über „Die Telegraphie ohne Draht“ und führte dabei erfolgreich ein entsprechendes Experiment vor. Im Frühjahr 1898 beauftragte die Post- und Telegraphendirektion Wien Dr. Tuma zur Durchführung von Versuchen über längere Wegstrecken, wobei vom Wiener Rathaus gesendet wurde. Dozent Dr. Josef Tuma erhielt später eine Professur für Physik an der technischen Hochschule Prag. Weitere Lebensdaten sind bisher nicht bekannt. Die Schrift von Dr. Josef Tuma, Assistent und später Dozent an der Technischen Hochschule Wien, gibt den Inhalt des am 5. Januar 1898 gehaltenen Experimentalvortrages an. Es werden darin die von Marconi benutzten Geräte verwendet und deren Funktion innerhalb des Vortragssaales praktisch vorgeführt. Die Schrift ist die erste in Österreich erschienene Publikation zur Drahtlosen Telegraphie.

In Österreich war neben der k.u.k. Kriegsmarine natürlich auch die k.u.k. Armee an der Erfindung der drahtlosen Telegraphie nach Marconi interessiert. Mitte

1899 begann die Armee mit eigenen Tests, die von Doz. Dr. Tuma geleitet wurden. Der Sender wurde am Exerzierplatz des Arsenals aufgestellt, der Empfänger wurde an einem Freiballon angebracht. Man erzielte Reichweiten von über 10 km. In den darauffolgenden Jahren beschränkte sich die Armee auf die Beobachtung der von der Kriegsmarine durchgeführten Versuche. Erst im Jahre 1902 wurden wieder eigene Versuche aufgenommen, wobei man auch die von Szepanik, einem Offizier der Armee, entwickelten Geräte testete. Von Interesse für die Armee war dabei auch, dass Szepanik anstelle einer Hochantenne eine in Erdnähe montierte Spulenantenne in Form eines Solenoids einsetzte.

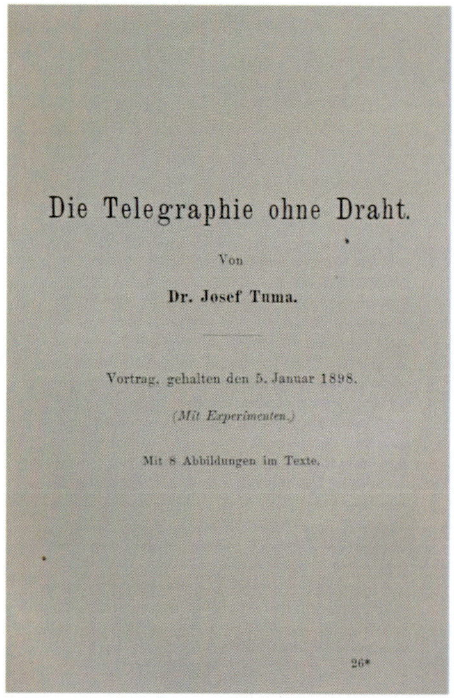
Die Telegraphie ohne Draht.

Von

Dr. Josef Tuma.

Vortrag, gehalten den 5. Januar 1898.

(Mit Experimenten.)

Mit 8 Abbildungen im Texte.

26*

Tuma 1898

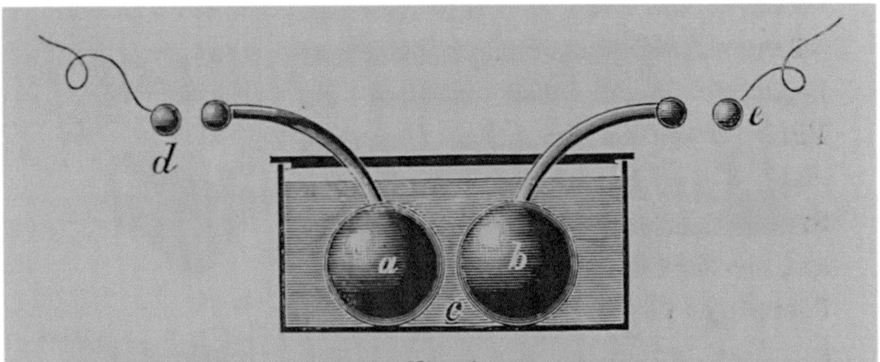

Fig. 4.

Tuma 1898 Righi-Funkenstrecke

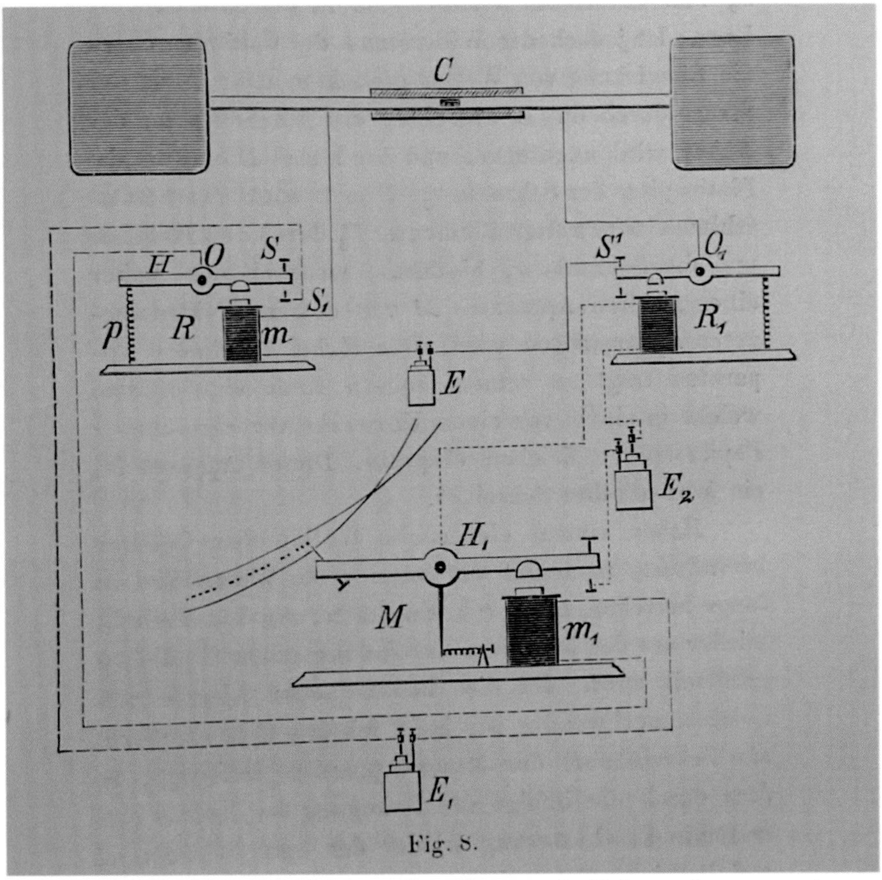

Fig. 8.

Tuma 1898 Marconi Kohärer-Empfänger mit Telegraphenapparat

Adolf Prasch: Die Drahtlose Telegraphie, Stuttgart 1900
Adolf Prasch: Die Fortschritte auf dem Gebiete der Drahtlosen Telegraphie in“ Sammlung Elektrotechnischer Vorträge” Teil I , V.Band, S. 1-156, Stuttgart 1904, Teil II ,VI.Band, S 175-310, Stuttgart 1905

Adolf Prasch wurde im Jahre 1849 in Sagor (Kroatien) geboren und studierte Maschinenbau an der Technischen Hochschule Wien. Von 1873 an war er im österreichischen Eisenbahndienst tätig. Von 1888 an war er Referent für elektrische Angelegenheiten bei der General-Inspektion. Er war ein erfolgreicher Autor zahlreicher Werke zum Eisenbahnwesen. 1899 wurde er mit dem Titel Regierungsrat i.R. ausgezeichnet. Sein Interesse galt hauptsächlich der Telegraphie und dem Signalwesen der Eisenbahnen. Die vorliegenden drei Werke behandeln die Geschichte der drahtlosen Telegraphie von den Anfängen her, wobei aber auch auf die technischen Fragen eingegangen wird. In dieser Hinsicht sind seine Beiträge dazu aus heutiger Sicht sehr wertvoll. Adolf Prasch starb im Jahre 1926 in Wien.

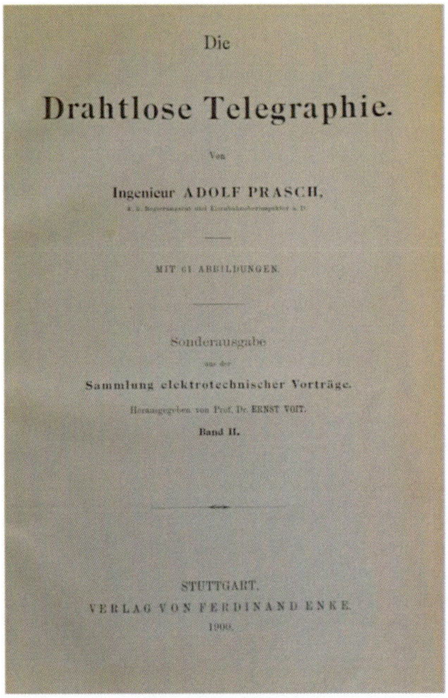
Die
Drahtlose Telegraphie.
Von
Ingenieur ADOLF PRASCH,
MIT 61 ABBILDUNGEN.
Sonderausgabe
aus der
Sammlung elektrotechnischer Vorträge.
Herausgegeben von Prof. Dr. ERNST VOIT.
Band II.
STUTTGART.
VERLAG VON FERDINAND ENKE.
1900.

Prasch 1900

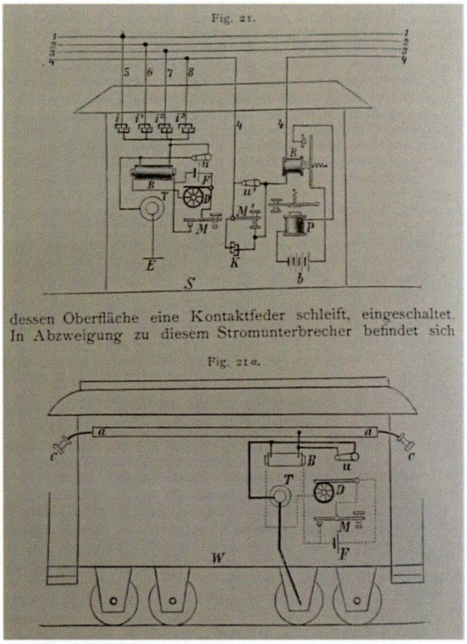

Prasch 1902 Induktions-Telegraphie

Prasch 1904 Telefunken Karrenstation

Adolf Prasch: Die Telegraphie ohne Draht, Wien 1902

Dieses im Verlag Hartleben in Wien erschienene Werk von Prasch befasst sich im 1. Abschnitt (Seite 1-64) mit den Methoden zur Realisierung einer drahtlosen Telegraphie die vor der Zeit von Marconi bekannt geworden sind. Im 2. Abschnitt (Seite 65- 261) werden unter dem Titel „Die Wellentelegraphie“ die Systeme der drahtlosen Telegraphie, die mittels elektromagnetischer Wellen funktionieren, behandelt. Neben dem System von Marconi werden auch die Systeme von Lodge und Muirhead, Slaby und Braun hier behandelt.

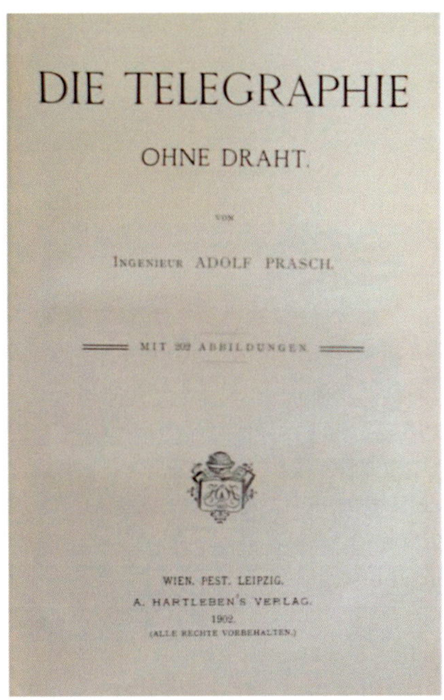

Prasch 1902

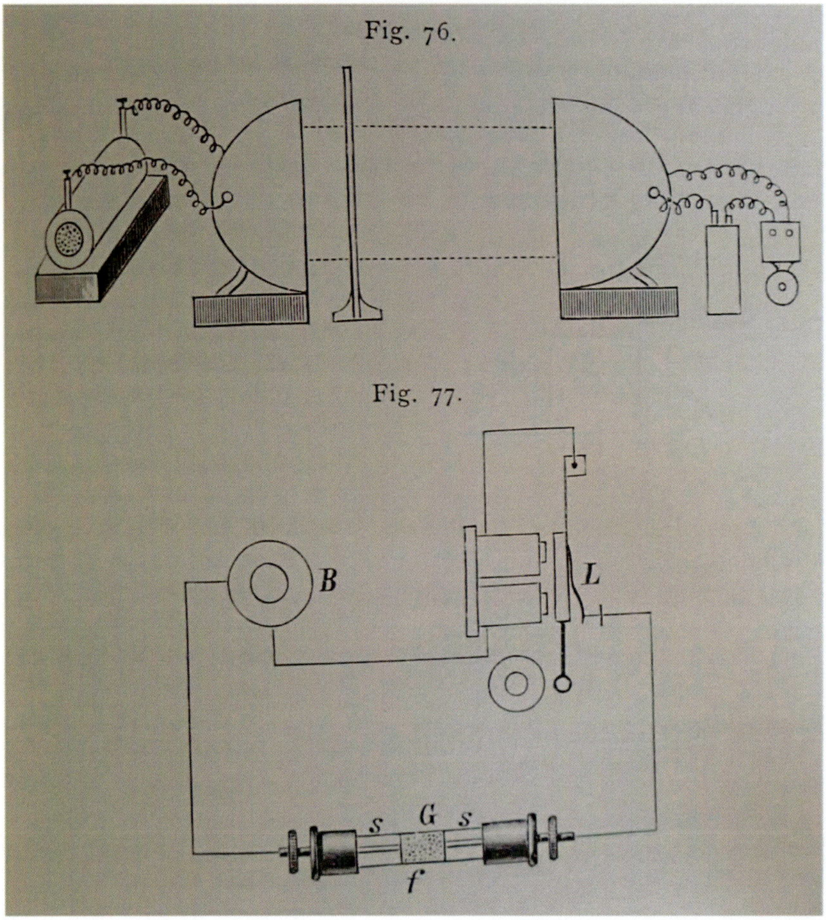

Prasch 1902 Hertz Spiegelstrecke mit Kohärer-Empfang

Werke zur drahtlosen Telegraphie in Deutschland 1897- 1907

C. Arldt: Die Funkentelegraphie, Leipzig 1903

Das seltene Buch, verfasst von Oberingenieur C. Arldt, Allgemeine Elektrizitäts Gesellschaft, das im Anschluss an einen Vortrag im Deutschen Flottenverein Berlin entstand, behandelt den Stand der Funkentelegraphie. Besondere Beachtung findet dabei das System von Slaby-Arco, das durch gutes Bildmaterial dargestellt wird. Das Vorwort ist von Oswald Flamm, Professor für Schiffsbautechnik an der Technischen Hochschule verfasst. Dieses skizziert die Bedeutung der Funkentelegraphie für die Schiffahrt.

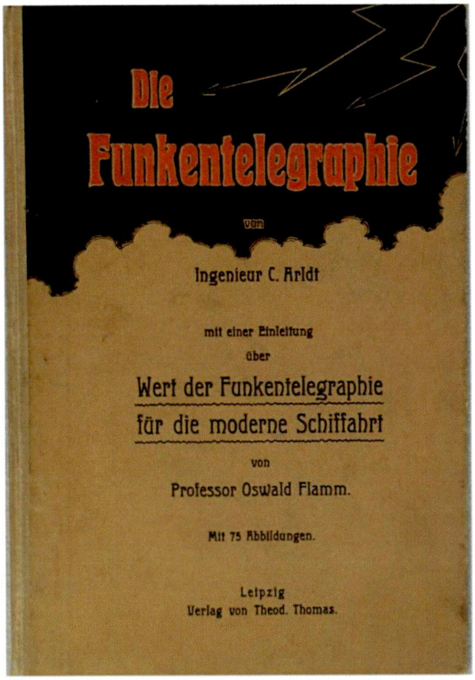

Die Funkentelegraphie

von

Ingenieur C. Arldt

mit einer Einleitung

über

Wert der Funkentelegraphie für die moderne Schiffahrt

von

Professor Oswald Flamm.

Mit 75 Abbildungen.

Leipzig
Verlag von Theod. Thomas.

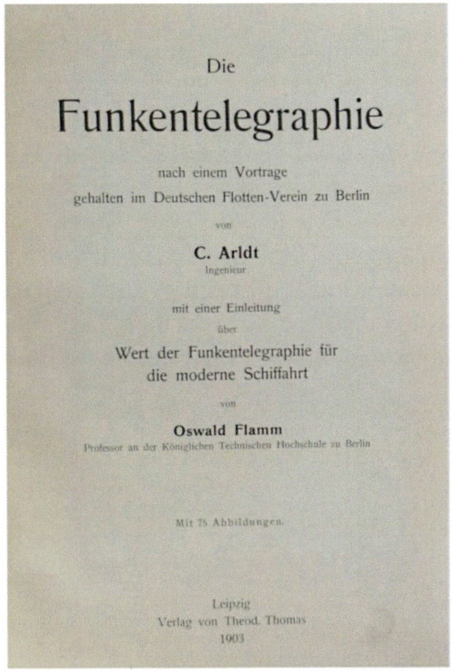

Die

Funkentelegraphie

nach einem Vortrage
gehalten im Deutschen Flotten-Verein zu Berlin

von

C. Arldt
Ingenieur

mit einer Einleitung
über
Wert der Funkentelegraphie für
die moderne Schiffahrt

von

Oswald Flamm
Professor an der Königlichen Technischen Hochschule zu Berlin

Mit 75 Abbildungen.

Leipzig
Verlag von Theod. Thomas
1903

Arldt 1903

Arldt 1903, AEG Kohärer-Empfänger

Gustav Eichhorn: Die Drahtlose Telegraphie, Leipzig 1904

Gustav Eichhorn wurde im Jahre 1867 in Düsseldorf geboren. Nach dem Abitur studierte er das Fach Physik, zuerst in München und ab 1899 in Zürich, wo er 1901 promovierte. Anschließend war er in Berlin als Berater von Telefunken tätig. Ab 1905 lebte er wieder in Zürich, wo er sich ein privates Labor für Funktechnik einrichtete. Er gilt als einer der wichtigen Radiopioniere in der Schweiz. Das vorliegende Buch ist als eine wissenschaftlich-technische Monographie einzustufen. In den beiden ersten Teilen werden die Grundlagen der elektromagnetischen Wellen behandelt sowie das Marconi- und das Braun-System dargestellt. Im dritten Teil behandelt Eichhorn seine eigenen Resultate. Eichhorn blieb unverheiratet und starb im Jahre 1954 in Zürich.

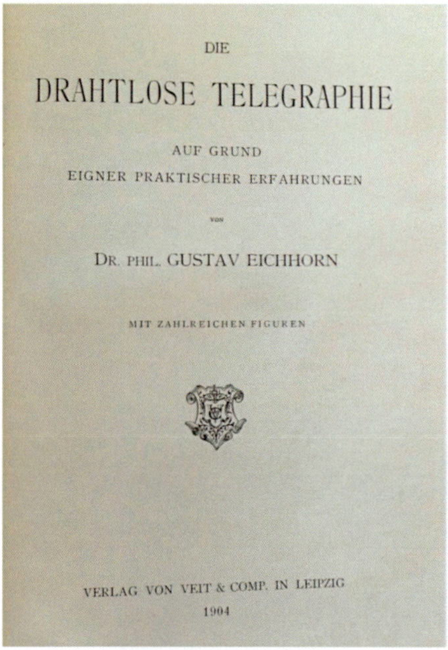
DIE

DRAHTLOSE TELEGRAPHIE

AUF GRUND
EIGNER PRAKTISCHER ERFAHRUNGEN

VON

DR. PHIL. GUSTAV EICHHORN

MIT ZAHLREICHEN FIGUREN

VERLAG VON VEIT & COMP. IN LEIPZIG
1904

Eichhorn 1904

Eichhorn 1904, Wehnelt Unterbrecher

J. Zenneck: Elektromagnetische Schwingungen und Drahtlose Telegraphie, Stuttgart 1905

Jonathan Zenneck wurde im Jahre 1871 in Ruppertshofen geboren und absolvierte seine Gymnasialzeit im Kloster Maulbronn und Blaubeuren. 1889 begann er das Studium Mathematik und Naturwissenschaften in Tübingen wo er 1894 zum Dr. rer.nat. promovierte. Von 1895 bis 1905 war er Assistent bei Ferdinand Braun in Strassburg, wo er an den Versuchen zur drahtlosen Telegraphie in Cuxhaven teilnehmen konnte. 1905 wurde er als außerordentlicher Professor an die Technische Hochschule Danzig berufen, 1913 kam er als Ordinarius für Experimentalphysik an die technische

Hochschule München. Wesentlich waren seine Arbeiten zur Ausbreitung der Kurzwellen. Sein bereits in seiner Strassburger Zeit verfasste Buch zu den elektromagnetischen Schwingungen und zur Drahtlosen Telegraphie stellt das erste in Deutschland erschienene umfassende wissenschaftliche Buch zu diesem Thema dar. In mehr als eintausend Seiten werden die Grundlagen und auch besonders, die von Braun erzielten Ergebnisse exakt dargestellt und Berechnungen dazu durchgeführt.. Es gibt international gesehen kein vergleichbares Werk aus dieser frühen Phase der Funktechnik. Professor Zenneck verstarb im Jahre 1959 in Althegnenberg.

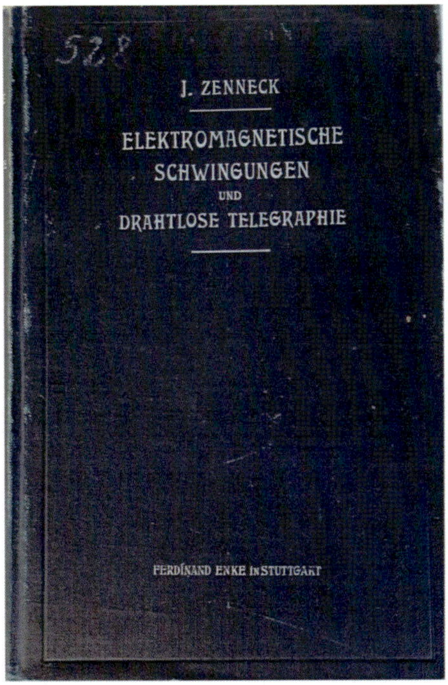

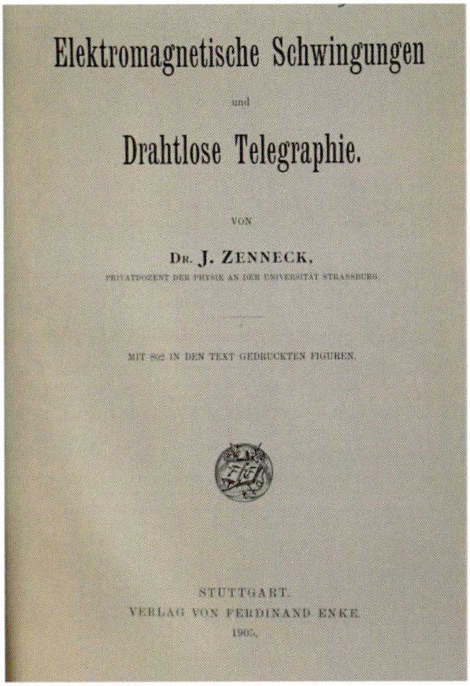

Zenneck 1905

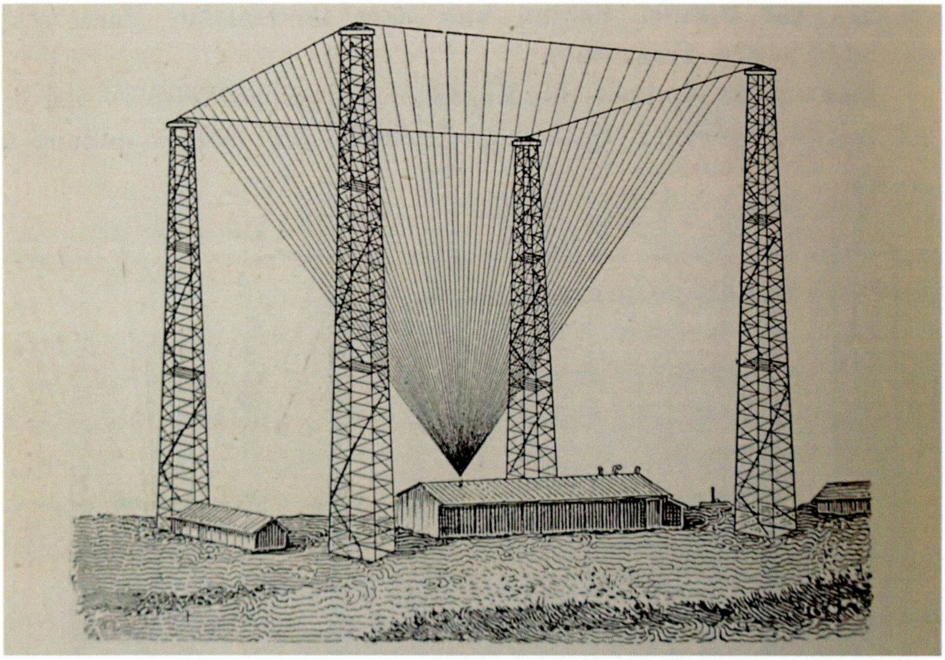

Zenneck 1905, Antenne Marconi-Station Poldhu

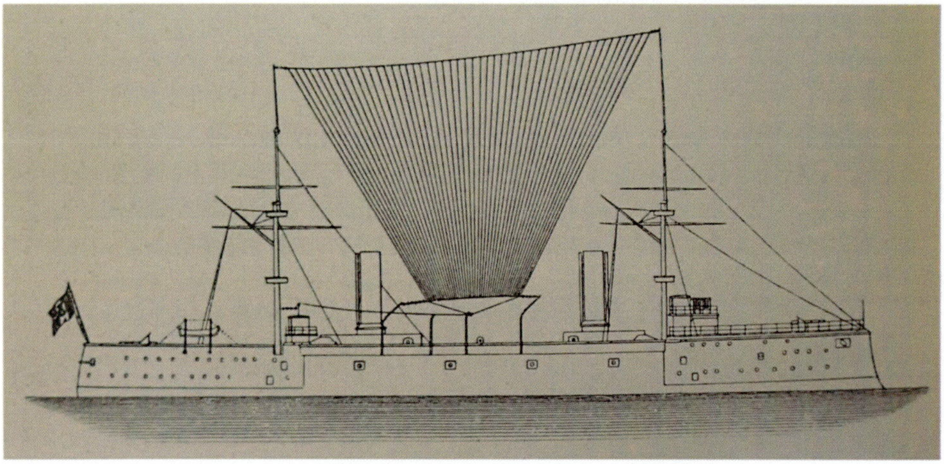

Zenneck 1905, Fächerantenne eines Schiffes

O. Arendt: Die Elektrische Wellentelegraphie. Braunschweig 1907

Dieses in der von Th. Karrass herausgegebenen Reihe „ Telegraphie- und Fernsprechtechnik“ erschienene Buch führt in allgemein verständlicher Weise in die Grundlagen der elektromagnetischen Wellen ein, ebenso in die neu entwickelte Technik der drahtlosen Telegraphie. Darüber hinaus werden jedoch auch die dabei notwendigen praktischen Kenntnisse zu den Geräten und Systemen vermittelt. Besonders sind die ausgezeichneten Abbildungen zu erwähnen. Derzeit stehen nähere Kenntnisse von O. Arendt und seine Tätigkeit als Telegrapheninspektor in Berlin nicht zur Verfügung.

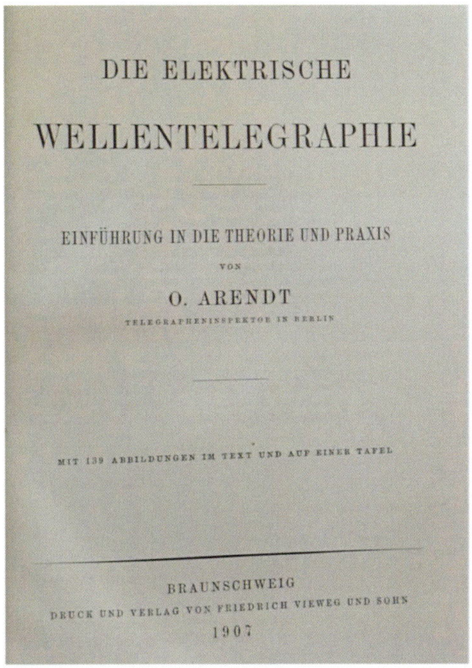

Arendt 1907

Gustav Partheil: Die drahtlose Telegraphie und Telephonie, Berlin 1907

Dieses von Gustav Partheil, Oberlehrer in Dessau, verfasste Buch behandelt in allgemein verständlicher Weise alle Themen, die zu dieser Zeit im Rahmen der neuen Erfindung der „Drahtlosen Telegraphie“ diskutiert wurden. Neben der geschichtlichen Entwicklung und den bestehenden Systemen von Marconi und Telefunken, werden auch die Großstation Nauen, die Bedeutung der drahtlosen Telegraphie für das Militär, für die Eisenbahnen und für die Wissenschaft, behandelt. Die damals vereinbarten gesetzlichen Regelungen und die Radiotelephonie bilden die letzten Kapitel.

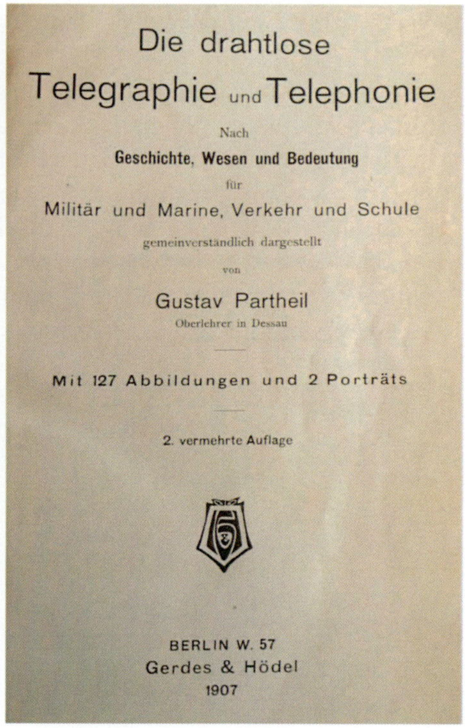
Die drahtlose
Telegraphie und Telephonie
Nach
Geschichte, Wesen und Bedeutung
für
Militär und Marine, Verkehr und Schule
gemeinverständlich dargestellt
von
Gustav Partheil
Oberlehrer in Dessau

Mit 127 Abbildungen und 2 Porträts

2. vermehrte Auflage

BERLIN W. 57
Gerdes & Hödel
1907

Parthell 1907

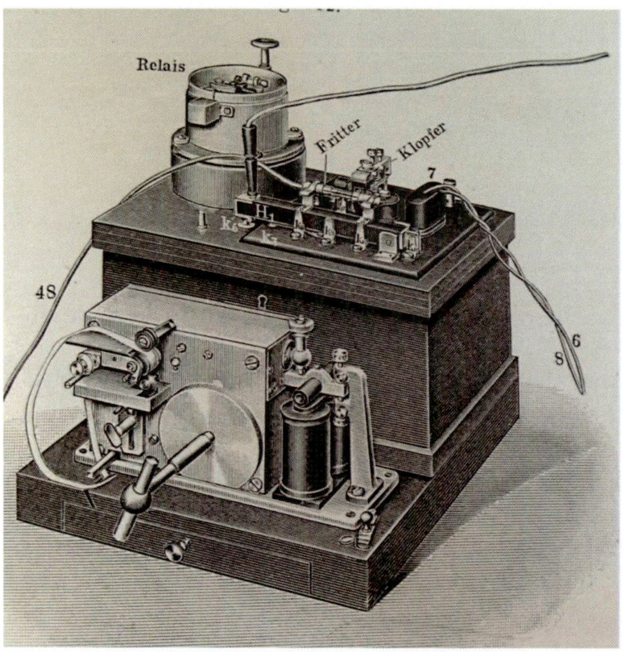

Arendt 1907, Telefunken Empfänger

Parthell 1907, Braun Station auf Helgoland

Ernst Ruhmer: Drahtlose Telephonie, Leipzig 1907

Dieses interessante Werk von Ernst Ruhmer wurde in diese Sammlung von Werken der drahtlosen Telegraphie aufgenommen, da neben dem Einsatz der elektromagnetischen Wellen weitere Gemeinsamkeiten zwischen den Versuchen von Ruhmer und denen der drahtlosen Telegraphie bestehen.
Ruhmer hatte in Berlin ein physikalisches Laboratorium und befasste sich mit allen damals gerade gefundenen Neuigkeiten der Nachrichtentechnik. Die Radiotelephonie dieser Zeit kann man als den Versuch ansehen, nach dem Vorbild der „digital“ orientierten drahtlosen Telegraphie für die „analoge“ Telephonie etwas Ähnliches zu erreichen. Ruhmer wurde im Jahre 1878 in Berlin geboren. Er verstarb in Berlin im Jahre 1913 im Alter von nur 35 Jahren.

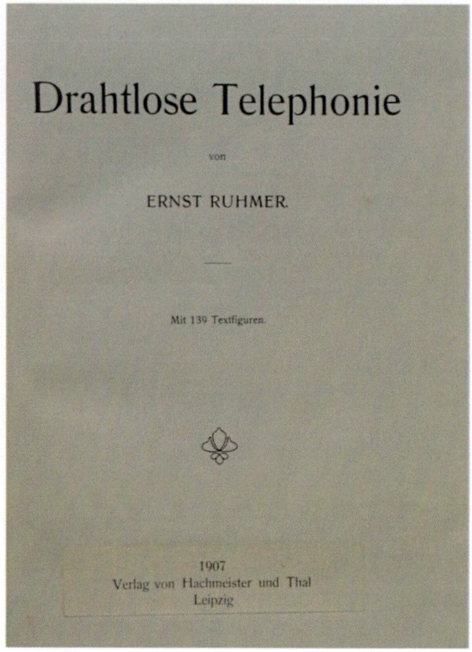
Drahtlose Telephonie

von

ERNST RUHMER.

Mit 139 Textfiguren.

1907
Verlag von Hachmeister und Thal
Leipzig

Ruhmer 1907

Internationale Publikationen zur drahtlosen Telegraphie

Italien

Augusto Righi und Bernhard Dessau: Die Telegraphie ohne Draht, Braunschweig 1903

Augusto Righi wurde 1850 in Bologna geboren. Er studierte Physik und war Professor für Physik in Palermo, Padua und in Bologna. Er wurde international vielfach für seine Verdienste zu den Forschungen im Gebiet der Elektrizität ausgezeichnet. In der drahtlosen Telegraphie ist er hauptsächlich durch seine nach ihm benannte Funkenstrecke bekannt, die auch sein Student Guglielmo Marconi erfolgreich in seinem Funkensender einsetzte. Righi verstarb im Jahre 1920 in Bologna.

Bernardo Dessau wurde 1864 in Offenbach am Main geboren. Er studierte Physik in Berlin und Straßburg wo er bei Kundt im Jahre 1886 promovierte. Anschließend war er Mitarbeiter von Professor Righi in Padua. Von 1904 bis 1935 war er außerordentlicher Professor für Physik an der Universität Padua.
Dessau war Anhänger der zionistischen Bewegung. Er starb im Jahre 1949 in Perugia.

DIE
TELEGRAPHIE
OHNE DRAHT
VON
A. RIGHI UND B. DESSAU

BRAUNSCHWEIG
FRIEDR. VIEWEG & SOHN

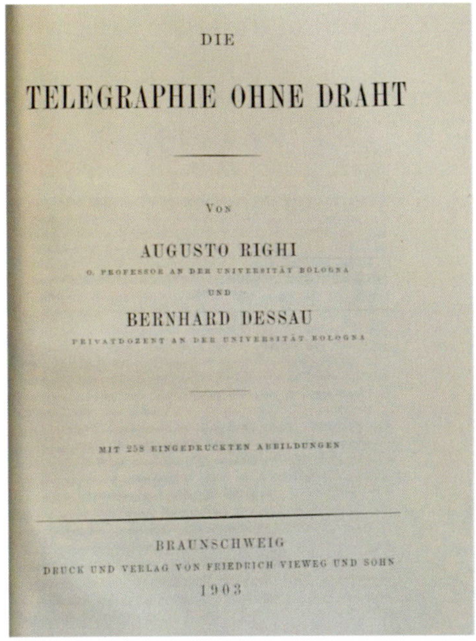

DIE

TELEGRAPHIE OHNE DRAHT

VON

AUGUSTO RIGHI
O. PROFESSOR AN DER UNIVERSITÄT BOLOGNA

UND

BERNHARD DESSAU
PRIVATDOZENT AN DER UNIVERSITÄT BOLOGNA

MIT 258 EINGEDRUCKTEN ABBILDUNGEN

BRAUNSCHWEIG
DRUCK UND VERLAG VON FRIEDRICH VIEWEG UND SOHN
1903

Righi-Dessau 1903

Righi-Dessau 1903, Telefunken Karrenstation

Prof. D. Mazzotto: Drahtlose Telegraphie und Telephonie, München 1906

Das von Professor Domenico Mazotto verfasste ausführliche Werk gibt neben der Schilderung der bisherigen Entwicklung den Stand der drahtlosen Telegraphie an, genau zehn Jahre nach deren Erfindung von Marconi. Es wurde aus dem Italienischen auch in die französische Sprache übersetzt.

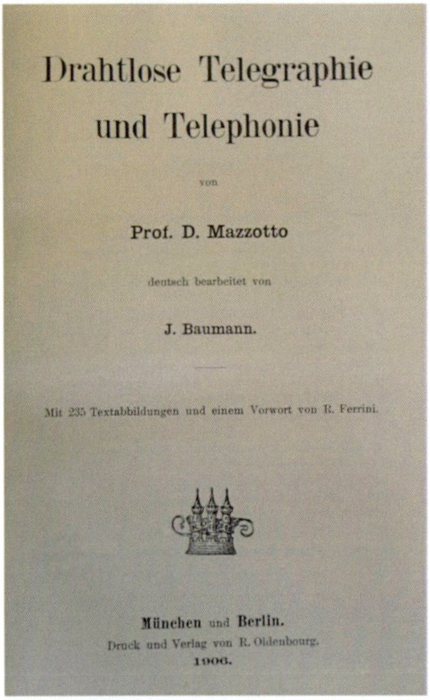
Drahtlose Telegraphie
und Telephonie
von
Prof. D. Mazzotto
deutsch bearbeitet von
J. Baumann.
Mit 235 Textabbildungen und einem Vorwort von R. Ferrini.
München und Berlin.
Druck und Verlag von R. Oldenbourg.
1906.

Mazzotto 1906

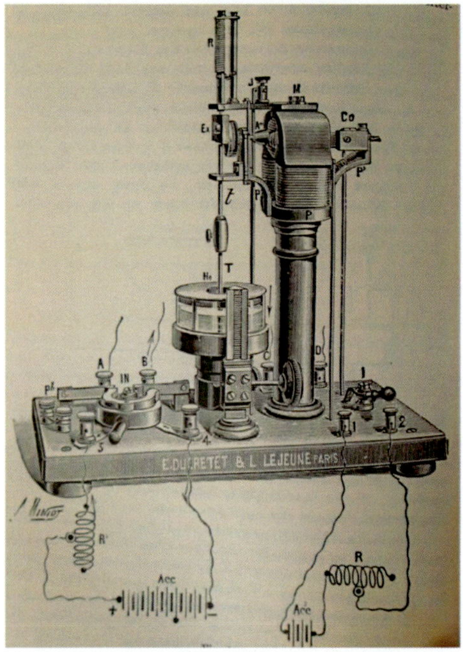

Mazzotto 1906, Unterbrecher von Ducretet

England

J.A. Fleming: The Principle of Electric Wave Telegraphy, London 1906
J.A. Fleming: An Elementary Manual of Radiotelegraphy and Radiotelephony, London 1908
J.A. Fleming: The Wireless Telegraphist´s Pocket Book, London 1915

John Ambrose Fleming wurde im Jahre 1849 in Lancaster, England, geboren. Nach seiner College Ausbildung studierte er zuerst das Fach Chemie am Royal College of Science in Kensington, dem heutigen Imperial College. Er setzte im Jahre 1877 sein Studium in den Fächern Chemie und Physik an der Universität von Cambridge fort, wo er noch die Gelegenheit hatte eine Vorlesung von James Clerk Maxwell zu hören. 1884 kam Fleming als Professor für Elektrotechnik an die Universität von London. Seine Verdienste um die Elektrotechnik und besonders um die drahtlose Telegraphie und die Entwicklung der Elektronenröhre sind groß. Als Berater der Marconi Gesellschaft konnte er beim

Bau der ersten Sendestationen und auch mit dem Einsatz der „Fleming Diode“ in den Empfängern einen wichtigen Beitrag leisten. Fleming veröffentlichte mehr als zwanzig Bücher zum Thema der Elektrotechnik und zur drahtlosen Telegraphie. Er verstarb im Alter von 95 im Jahre 1945.

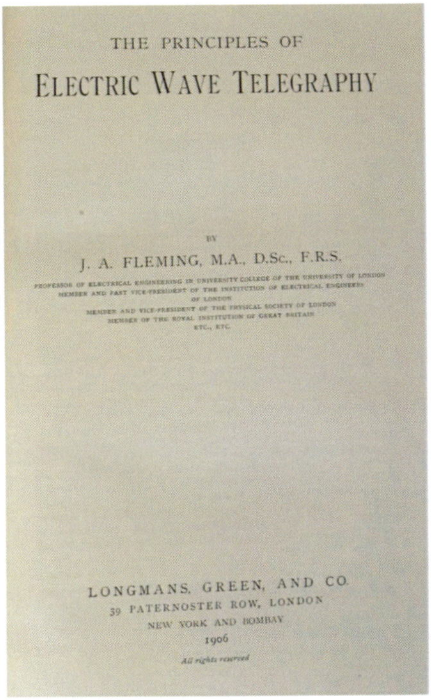

THE PRINCIPLES OF

ELECTRIC WAVE TELEGRAPHY

BY

J. A. FLEMING, M.A., D.Sc., F.R.S.

PROFESSOR OF ELECTRICAL ENGINEERING IN UNIVERSITY COLLEGE OF THE UNIVERSITY OF LONDON
MEMBER AND PAST VICE-PRESIDENT OF THE INSTITUTION OF ELECTRICAL ENGINEERS
OF LONDON
MEMBER AND VICE-PRESIDENT OF THE PHYSICAL SOCIETY OF LONDON
MEMBER OF THE ROYAL INSTITUTION OF GREAT BRITAIN
ETC., ETC.

LONGMANS, GREEN, AND CO.
39 PATERNOSTER ROW, LONDON
NEW YORK AND BOMBAY
1906

All rights reserved

Fleming 1906

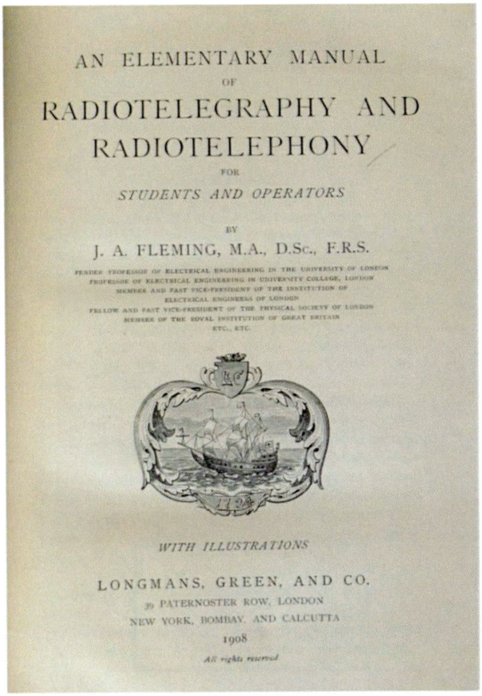

AN ELEMENTARY MANUAL
OF
RADIOTELEGRAPHY AND
RADIOTELEPHONY
FOR
STUDENTS AND OPERATORS

BY

J. A. FLEMING, M.A., D.Sc., F.R.S.

PENDER PROFESSOR OF ELECTRICAL ENGINEERING IN THE UNIVERSITY OF LONDON
PROFESSOR OF ELECTRICAL ENGINEERING IN UNIVERSITY COLLEGE, LONDON
MEMBER AND PAST VICE-PRESIDENT OF THE INSTITUTION OF
ELECTRICAL ENGINEERS OF LONDON
FELLOW AND PAST VICE-PRESIDENT OF THE PHYSICAL SOCIETY OF LONDON
MEMBER OF THE ROYAL INSTITUTION OF GREAT BRITAIN
ETC., ETC.

WITH ILLUSTRATIONS

LONGMANS, GREEN, AND CO.
39 PATERNOSTER ROW, LONDON
NEW YORK, BOMBAY, AND CALCUTTA
1908

All rights reserved

Fleming 1908

Marconi Press Agency: The Year-Book of Wireless Telegraphy & Telephony 1913

Das „Year Book of Wireless Telegraphy and Telephony“ des Jahres 1913 stellt das erste von der Marconi Presse Agentur herausgegebene Buch dieser Art dar. In insgesamt 563 Seiten berichten namhafte Autoren zu aktuellen Themen der drahtlosen Telegraphie. Im Besonderen ist die beigelegte große Weltkarte aller damals in Betrieb stehenden Stationen anzuführen, wie auch die umfangreiche Sammlung von Werbeanzeigen, die ein Bild der damaligen Angebote an technischen Geräten und zu den sonstigen die drahtlose Telegraphie betreffenden Angelegenheiten abgeben.

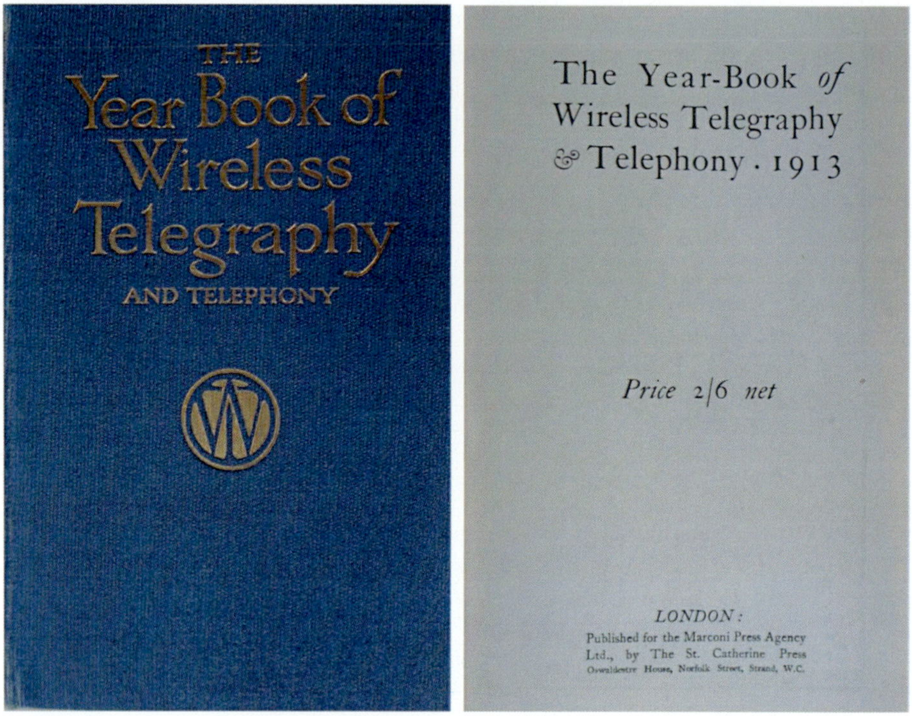

Marconi Press Agency 1913

USA

Elmer E. Bucher: The Wireless Experimenter´s Manual. New York 1920

Das Buch von Elmer E. Bucher vermittelt dem amerikanischen Radio-Amateur die wichtigsten Kenntnisse die er zur Durchführung von Experimenten mit der drahtlosen Telegraphie benötigt. Da in den USA von Beginn weg keine strenge staatliche Kontrolle für diese Tätigkeiten bestand, umfasst dies auch den Bau von Sendestationen. Als Handbuch werden neben der Behandlung der physikalischen Grundlagen auch die einzelnen notwendigen Bauteile behandelt. Die Besprechung der Grundschaltungen sowohl solche ohne Verwendung der noch neuen Elektronenröhre als auch moderne Schaltungen, sowie die in Betrieb stehenden kommerziellen Geräte, Sender und Empfänger, ergänzen das Programm. Das Buch bereitet den Leser auch auf die für Sende-Amateure erforderlichen staatlich gelenkten Prüfungen zur Erlangung einer Lizenz vor.

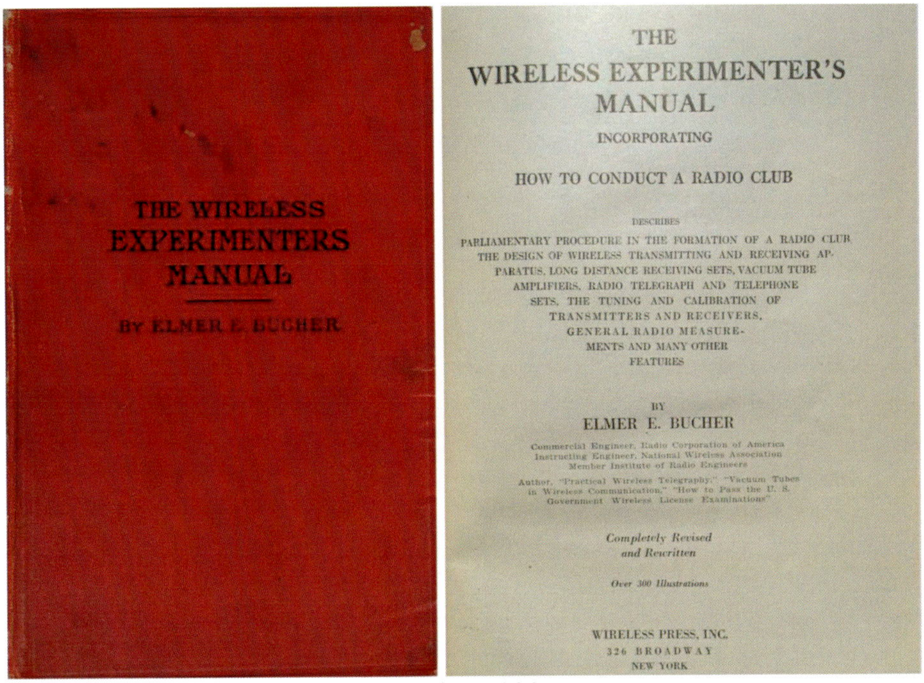

Bucher 1920

Publikationen zur Drahtlosen Telegraphie in Deutschland 1908- 1914

J. Zenneck: Leitfaden der Drahtlosen Telegraphie,
Stuttgart 1909, 1913, 1916
J. Zenneck und H. Rukop: Lehrbuch der Drahtlosen Telegraphie
(5. Auflage) Stuttgart 1925 (Ex Libris Robert Ettenreich)

Zenneck wurde 1907 außerordentlicher Professor in Danzig und war ab 1913 Ordinarius für Physik an der Technischen Hochschule München. Zusammen mit seinem Lehrer Ferdinand Braun war er im Jahre 1917 in den USA um dort Patentangelegenheiten in Zusammenhang mit dem Telefunkensender in Sayville bei New York zu regeln. Wegen des Beginns des Ersten Weltkrieges wurde Zenneck interniert und konnte erst im Jahre 1919 nach München zurückkehren.
Die mit Hans Rukop herausgegebene 5. Auflage seines Buches enthält bereits die neu erreichten Resultate der drahtlosen Telegraphie und auch der drahtlosen Telephonie und besticht vor allem durch das zahlreich beigegebene Bildmaterial. Besonders sind hier die Ausführungen zu den Elektronenröhren zu beachten. Der Co-Autor Hans Rukop konnte hier als Leiter des Röhrenlaboratoriums von Telefunken auf eigene Ergebnisse zurückgreifen.

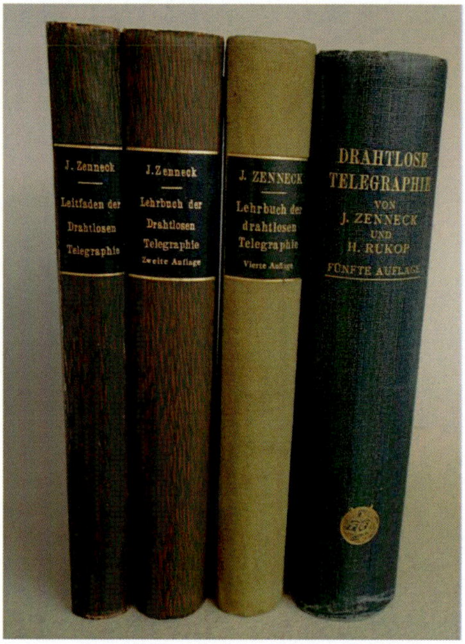

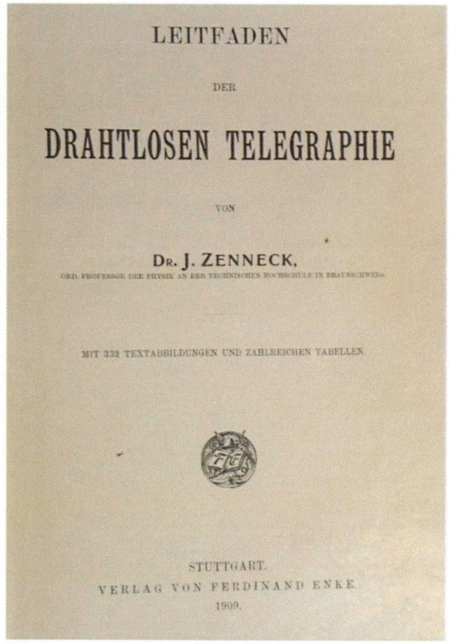

LEITFADEN

DER

DRAHTLOSEN TELEGRAPHIE

VON

DR. J. ZENNECK,

MIT 332 TEXTABBILDUNGEN UND ZAHLREICHEN TABELLEN

STUTTGART.

VERLAG VON FERDINAND ENKE.

1909.

Zenneck 1909/13/16, Zenneck-Rukop 1925 Zenneck 1909

Zenneck 1909, Poulsen Sender

Zenneck 1909, Empfänger von Berliner

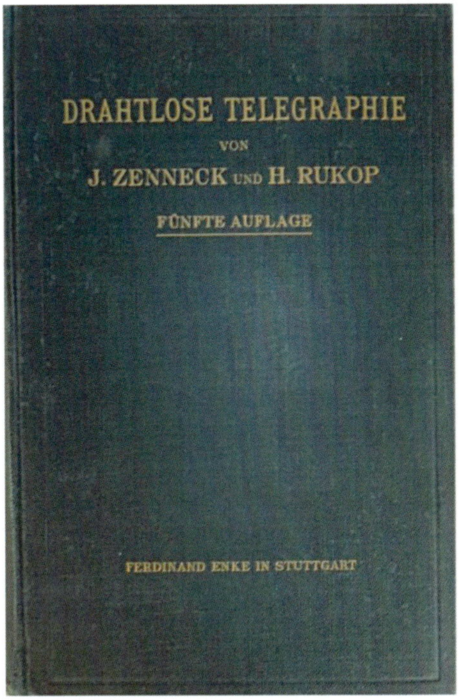

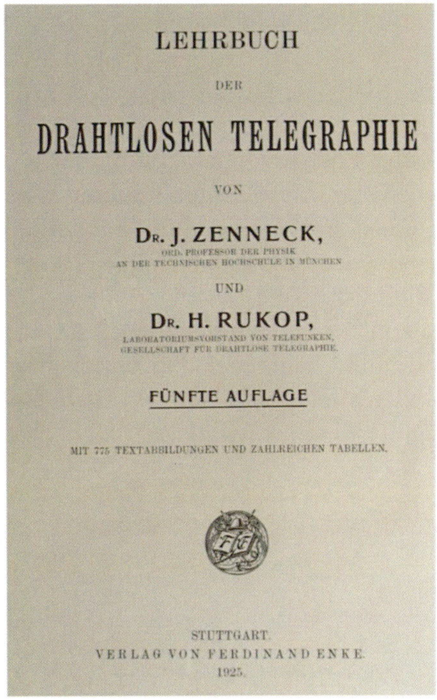
LEHRBUCH
DER
DRAHTLOSEN TELEGRAPHIE
VON
DR. J. ZENNECK,
ORD. PROFESSOR DER PHYSIK
AN DER TECHNISCHEN HOCHSCHULE IN MÜNCHEN
UND
DR. H. RUKOP,
LABORATORIUMSVORSTAND VON TELEFUNKEN,
GESELLSCHAFT FÜR DRAHTLOSE TELEGRAPHIE.
FÜNFTE AUFLAGE
MIT 775 TEXTABBILDUNGEN UND ZAHLREICHEN TABELLEN.
STUTTGART.
VERLAG VON FERDINAND ENKE.
1925.

Zenneck-Rukop 1925

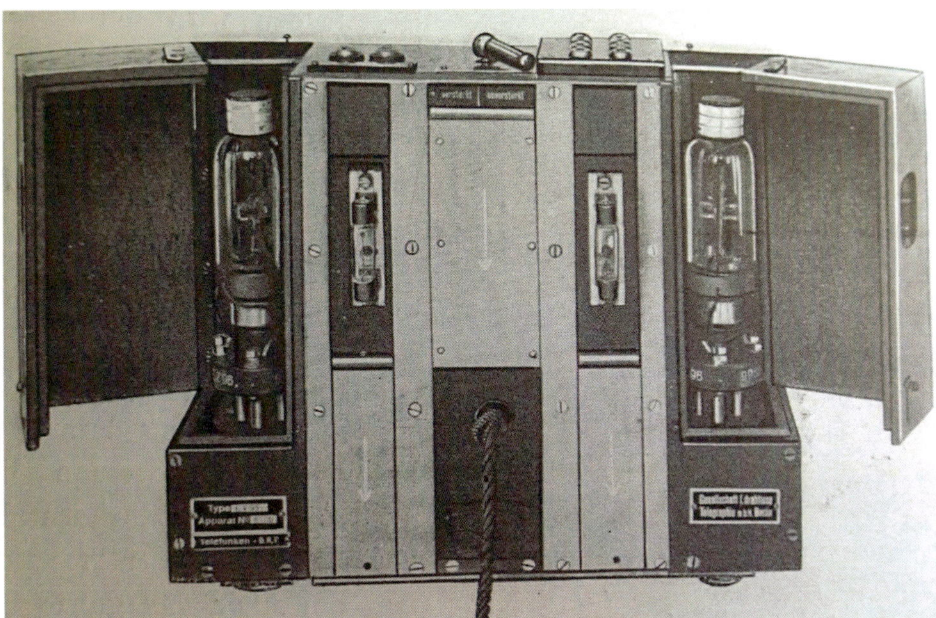

Zenneck-Rukop 1925, Nf Verstärker von AEG

A.Slaby: Glückliche Stunden, Berlin 1908

Anton Slaby hatte als Professor für Elektrotechnik an der Technischen Hochschule Berlin das Glück an den ersten Experimenten, die Marconi für die englische Postverwaltung durchführte, teilzunehmen. Diese Erfahrung konnte Slaby erfolgreich in seinen späteren eigenen Versuchen in Berlin verwenden.
Zusammen mit seinem Straßburger Kollegen Ferdinand Braun wurde in der Folge eine Zusammenarbeit der Firmen AEG und Siemens und Halske erreicht und die Firma Telefunken gegründet. Das vorliegende reich ausgestattete Buch enthält in den Seiten 1-346 die schriftliche Fassung von zehn Vorträgen, die Slaby zum Thema der Funkentelegraphie in Berlin gehalten hat. Die nachfolgenden Seiten 347- 434 sind philosophischen Themen und wichtigen Persönlichkeiten gewidmet.

Slaby 1908

Slaby 1908, Matroseninsel

Slaby 1908, Pfaueninsel

H. Rein: Radiotelegraphisches Praktikum, Zweite Auflage, Berlin 1912

Hans Rein wurde im Jahre 1879 in Eisenach geboren. Nach dem Gymnasium studierte er das Fach Elektrotechnik in Jena, Berlin-Charlottenburg und Darmstadt. In Darmstadt war er am Elektrotechnischen Institut bei Professor Karl Wirtz tätig. Daraus entstand im Jahre 1910 das Buch zum „Radiotelegraphischen Praktikum“ Es enthält neben den messtechnischen Grundlagen auch die durchgeführten Experimente und Entwicklungen zu Sendegeräten. Vom Jahre 1909 an, war Rein bei der Firma Lorenz AG in Berlin tätig und arbeitete am Laboratorium für Drahtlose Telegraphie der Firma Lorenz AG in Berlin. Schwerpunkte waren Arbeiten zur Verbesserung des Lichtbogensenders von Poulsen. 1914 wurde Rein zum Militär eingezogen. Im April 1915 wurde Hans Rein an der französischen Front durch eine Granate getötet. Deutschland hatte damit einen seiner hoch talentierten Radiotechniker verloren. Die hier vorliegende dritte Auflage, die von Prof. Wirtz herausgegeben wurde, enthält bereits wichtige Ergebnisse, die mittels den nunmehr zur Verfügung stehenden Elektronenröhren für Radiotelegraphie-Sender und Empfänger erhalten werden konnten.

Rein 1912

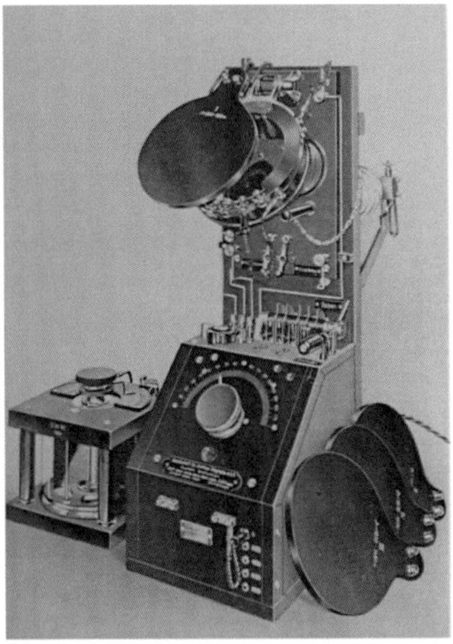

Rein 1912, Empfänger,Telefunken

Rein 1912, Empfänger von Berliner

Dr. Karl Markau: Die Telephonie ohne Draht, Braunschweig 1912

Neben der drahtlosen Telegraphie wurde auch die Forschung und Entwicklung der drahtlosen Telephonie vorangetrieben. Grundlage in der Zeit vor der Erfindung der Elektronenröhre waren dafür vor allem die Ergebnisse des dänischen Wissenschaftler Valdemar Poulsen die im Jahre 1906 mittels der Kühlung von Lichtbogen erzielt worden waren. Markau behandelt diesen Themenkreis in gut verständlicher Weise. Der Text wird durch ausgewähltes Bildmaterial unterstützt.

Max Dieckmann: Leitfaden der drahtlosen Telegraphie für die Luftfahrt, München 1913

Max Dieckmann wurde im Jahre 1882 in Hermannsacker (Harz) geboren und studierte Mathematik und Physik in Göttingen, Leipzig, Straßburg und München. Bekannt wurden seine Bemühungen zur Verwendung der Braunschen Röhre zur Realisierung des elektronischen Fernsehens und seine luftelektrischen Arbeiten, die zur Sicherheit von Zeppelin Luftschiffen gegen elektrisch verursachte Explosionen von Bedeutung waren. Dieckmann blieb damit wissenschaftlich mit der Luftfahrt verbunden. In diesem Zusammenhang entstand auch das vorliegende Buch. 1936 wurde Dieckmann außerplanmäßiger Professor an der Technischen Hochschule München, 1943 wurde er Ordinarius bei den Forschungsinstituten der deutschen Luftfahrt. Nach dem Zweiten Weltkrieg ging Dieckmann in die USA musste aber bald aus gesundheitlichen Gründen wieder nach Deutschland zurückkehren wo er im Jahre 1960 in München verstarb.

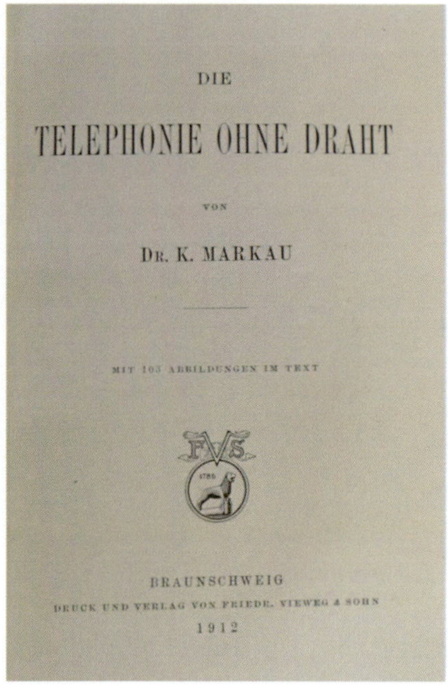

Markau 1912

Dieckmann 1913

Werke zur Drahtlosen Telegraphie ab dem Ersten Weltkrieg

Hans Rein: Lehrbuch der drahtlosen Telegraphie, Berlin 1917

Dieses von Prof. Wirtz, technische Hochschule Darmstadt, nach dem Tode von Hans Rein herausgegebene Buch enthält die wichtigen Ergebnisse, die von Rein im Rahmen seiner Tätigkeit an der Technischen Hochschule in Darmstadt und später im Rahmen seiner Tätigkeit bei der Firma Lorenz AG in Berlin erzielt worden sind. Dieses Werk war lange Zeit das beste Werk das in Deutschland zum Gebiet der drahtlosen Telegraphie zur Verfügung stand. Die Inhalte sind bis heute gültig und können eine große Hilfe zum technischen Verständnis der damals erzielten Lösungen sein. Hans Rein war wie auch Eugen Nesper und andere überzeugt, dass zur Lösung der technischen Probleme der drahtlosen Telegraphie eine solide Messtechnik und eine mathematische Behandlung der Systeme eine wichtige Voraussetzung darstellen.

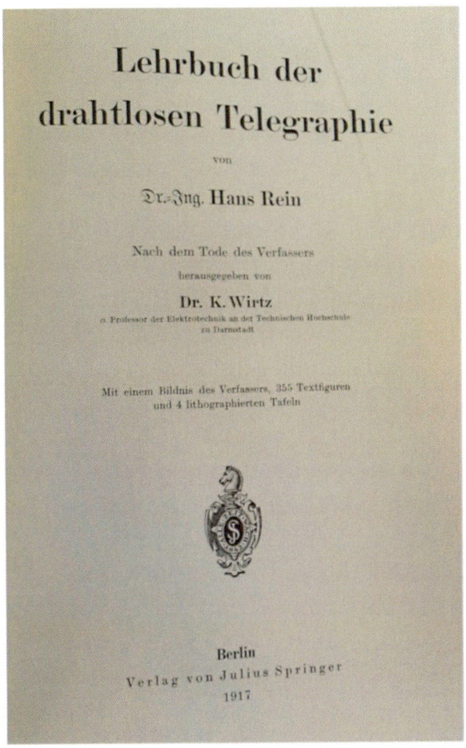
Lehrbuch der drahtlosen Telegraphie

von

Dr.-Ing. Hans Rein

Nach dem Tode des Verfassers herausgegeben von

Dr. K. Wirtz

o. Professor der Elektrotechnik an der Technischen Hochschule zu Darmstadt

Mit einem Bildnis des Verfassers, 355 Textfiguren und 4 lithographierten Tafeln

Berlin

Verlag von Julius Springer

1917

Rein 1917

Rein 1917, Sendestation Arlington, USA

Rein 1917, Flugzeug-Station

Hugo Mosler: Einführung in die moderne drahtlose Telegraphie und ihre praktische Verwertung. Braunschweig 1920
P. Lertes: Die Drahtlose Telegraphie und Telephonie, Dresden 1922
K. Riemenschneider: Drahtlose Telegraphie und Telephonie, Berlin 1925

Hugo Mosler, a.o. Professor für Fernmeldtechnik an der Technischen Hochschule Braunschweig, gibt hier aus der Sicht der Praxis auf insgesamt 240 Seiten einen vollständigen Überblick zum Gebiet der Drahtlosen Telegraphie beginnend mit den Arbeiten von Marconi bis zu den Land- und Schiffstationen, wie diese in der Zeit um 1920 in Betrieb standen. Für eine mehr detaillierte Behandlung verweist Mosler auf die Bücher von Zenneck und Rein.
Das Buch von Dr. Lertes, Assistent am Physikalischen Institut der Universität Frankfurt a.M. ist ähnlich zu dem Buch von Mosler aufgebaut. Jedem Kapitel ist jedoch ein ausführliches Literaturverzeichnis beigefügt. Damit kann dieses Buch als ein wertvolles Nachschlagewerk für jeden wissenschaftlich arbeitenden Technikhistoriker gelten.

Das Werk von Riemenschneider (Umfang 365 Seiten) stellt die Geschichte der drahtlosen Telegraphie dar, beginnend mit den Versuchen das Licht, die Wärmestrahlung und die elektromagnetische Induktion zur Übertragung von Nachrichten zu benutzen bis hin zu den elektromagnetischen Wellen, von

Marconi und den Hochfrequenzdynamos bis zu den aktuellen Geräten, die die Elektronenröhre einsetzen. Die allgemein verständlichen jedoch fachlich fundierten Ausführungen werden durch zahlreiche Bilder unterstützt.

Einführung in die
moderne drahtlose Telegraphie und
ihre praktische Verwendung

Von

Dipl. Ing. Dr. phil. Hugo Mosler

Mit 218 in den Text gedruckten Figuren

Druck und Verlag von Friedr. Vieweg & Sohn, Braunschweig
1920

Mosler 1920

WISSENSCHAFTLICHE
FORSCHUNGSBERICHTE

NATURWISSENSCHAFTLICHE REIHE
HERAUSGEGEBEN VON
DR. RAPHAEL ED. LIESEGANG, FRANKFURT A. M.

BAND IV

DIE
DRAHTLOSE TELEGRAPHIE
UND TELEPHONIE

BEARBEITET
VON
DR. P. LERTES
ASSISTENT AM PHYSIKALISCHEN INSTITUT DER UNIVERSITÄT
FRANKFURT A. M.

DRESDEN UND LEIPZIG
VERLAG VON THEODOR STEINKOPFF
1922

Lertes 1922

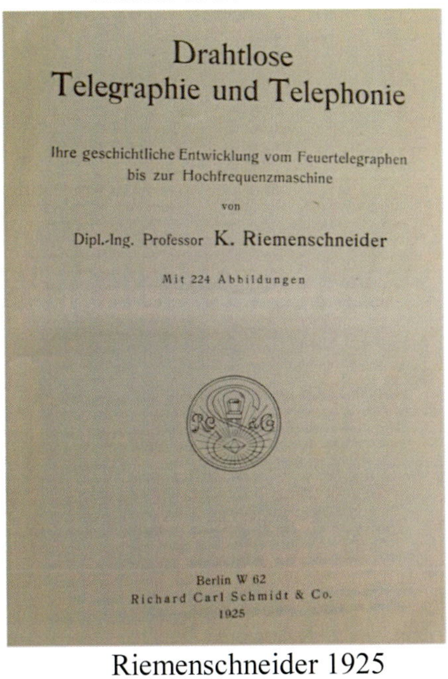

Drahtlose
Telegraphie und Telephonie

Ihre geschichtliche Entwicklung vom Feuertelegraphen
bis zur Hochfrequenzmaschine

von

Dipl.-Ing. Professor K. Riemenschneider

Mit 224 Abbildungen

Berlin W 62
Richard Carl Schmidt & Co.
1925

Riemenschneider 1925

Riemenschneider 1925, Nauen

Handbücher und Lehrbücher für den Unterricht

Eugen Nesper: Handbuch der Drahtlosen Telegraphie, Erster Band , Zweiter Band, Berlin 1921

Eugen Nesper wurde am 29. Juli 1879 in Meinigen, Deutschland geboren. Er studierte an der Technischen Hochschule Berlin und war dort Assistent bei Prof. Adolf Slaby. Nach seiner Promotion an der Universität Rostock trat er 1904 in den Dienst der Gesellschaft für Drahtlose Telegraphie (Telefunken) in Berlin. Im Jahre 1906 wechselte er jedoch zur C. Lorenz A.G. Berlin über, die zu dieser Zeit die neu entstandene Sendetechnik auf der Basis der Poulsen Lichtbogengeneratoren in Deutschland vertrat. Bei Lorenz war Eugen Nesper der technische Leiter für die Entwicklung der Drahtlosen Telegraphie. Im Jahre 1917 übernahm Eugen Nesper „als halber Österreicher" die Leitung die dort gemeinsam mit der Telegraphen- und Telefon Fabrik, vormals Berliner, in Wien neu gegründeten Lorenzwerke. Nach dem Ende des 1. Weltkrieges trat Nesper als Förderer des „Radio-Broadcasting", also des öffentlichen Rundfunks auf. Daneben war er Herausgeber wichtiger Fachjournale für das Amateuerwesen und Autor zahlreicher Artikel. Eugen Nesper war der Autor von mehr als dreißig Bücher, wobei das „Handbuch für Drahtlose Telegraphie und Telephonie" aus dem Jahre 1921 und das Werk „Der Radioamateur-Radiobroadcasting", das von 1923 bis 1925 sechs Auflagen erlebte, besonders zu nennen sind. Eugen Nesper ist am 3. Mai 1961 in Berlin verstorben. Das hier vorliegende in zwei Bänden erschienene Handbuch (Erster Band mit 708 Seiten, Zweiter Band mit 545 Seiten) stellt eine Meisterleistung von Eugen Nesper dar. Nesper war einer der ersten Funktechniker, die im Stande waren mittels vorgenommenen Messungen die Qualität von Geräten der drahtlosen Telegraphie zu beurteilen. Die beiden Bände geben einen hochwertigen Einblick in die technischen Grundlagen und zeigen auch an Hand von Beispielen den nach Ende des Ersten Weltkrieges erreichten Stand der Technik.

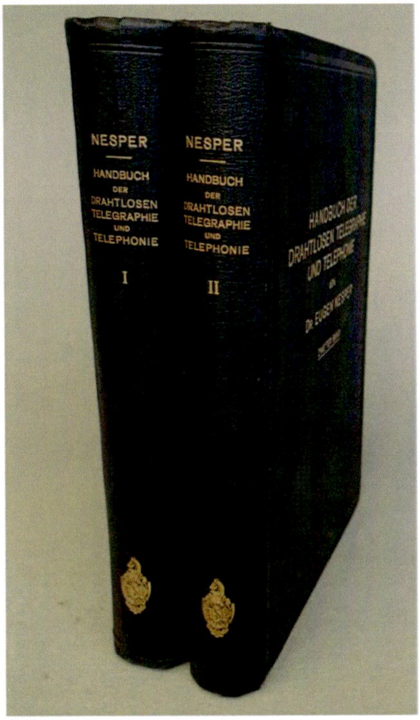

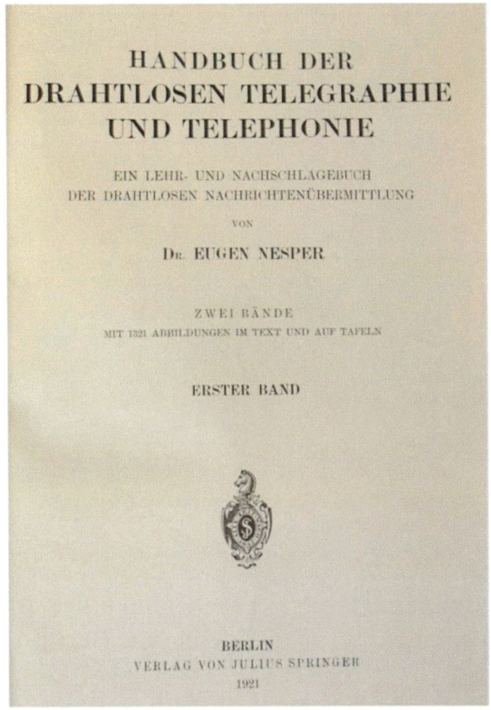

HANDBUCH DER
DRAHTLOSEN TELEGRAPHIE
UND TELEPHONIE

EIN LEHR- UND NACHSCHLAGEBUCH
DER DRAHTLOSEN NACHRICHTENÜBERMITTLUNG

VON

DR. EUGEN NESPER

ZWEI BÄNDE
MIT 1321 ABBILDUNGEN IM TEXT UND AUF TAFELN

ERSTER BAND

BERLIN
VERLAG VON JULIUS SPRINGER
1921

Nesper 1921

Nesper 1921, Station Scheveningen

Nesper 1921, Empfänger von Berliner

Nesper 1921, Telefunken E5c

F. Banneitz (Hrsg.): Taschenbuch der drahtlosen Telegraphie und Telephonie, Berlin 1927

Dieses vom bekannten Postrat E. Banneitz, Berlin, herausgegebene Handbuch im Umfang von 1253 Seiten enthält alle wichtigen Themen die drahtlose Telegraphie und die drahtlose Telephonie betreffend, die im Erscheinungsjahr 1927 aktuell waren. Zahlreiche Fachleute haben zu seinem Entstehen mitgewirkt. In seiner Art gibt es international gesehen kein vergleichbares Werk.

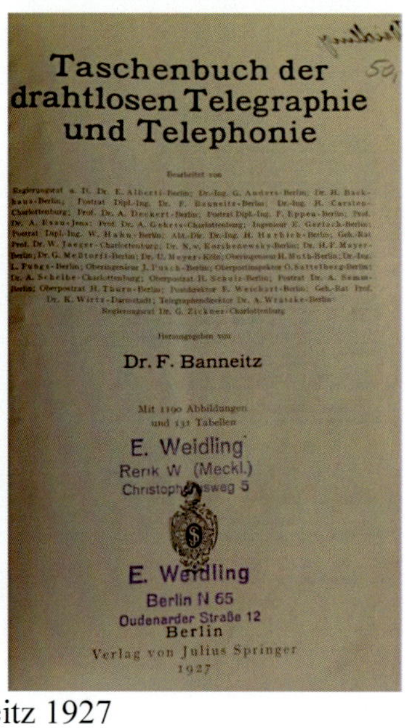

Banneitz 1927

Werke zur Drahtlosen Telegraphie in Österreich

Franz Anderle: Lehrbuch der Drahtlosen Telegraphie und Telephonie, Leipzig 1912,1918, 1921,1925

Franz Anderle wurde am 8. März 1874 in Graz geboren. Er besuchte die Volksschule in Graz, die Realschule in Wien und anschließend die Pionierkadettenschule in Hainburg. Am 18. August 1896 trat er seinen Dienst beim Eisenbahn- und Telegraphenregiment in Korneuburg an, wo er ab 1898 als Lehrer beim Telegraphenkurs tätig war. Von 1902 bis 1911 hatte Anderle die technische Leitung bei den Versuchen der Armee mit Radiotelegraphie über. 1911- 1912 war Anderle Kommandant der Radioabteilung des Telegraphen-regiments. In den Jahren von 1912 bis 1918 war er Kommandant verschiedener Radiostationen der k.k. Armee. Nach dem Ende des 1. Weltkrieges wurde Anderle als Beamter der Heeresverwaltung im Ministerium übernommen. Mit 1. Juli 1923 übernahm er die Aufgabe des Waffeninspektors der Verbindungstruppen. Im Februar 1931 folgte der Übertritt in den Ruhestand. Franz Anderle ist am 29. Juli 1957 in Lienz verstorben. Franz Anderle gehört sicher zu den wichtigsten österreichischen Pionieren auf dem Gebiet der Drahtlosen Telegraphie (Radiotelegraphie). Mit seinem Werk „Lehrbuch der Drahtlosen Telegraphie und Telephonie“ vom Jahre 1911, das in mehrfacher Auflage erschien, hat er ein wichtiges wissenschaftlich-technisches Dokument geschaffen. Anderle hat sich am Aufbau der Radiostationen nach Ende des 1. Weltkrieges stark engagiert und hat an der Gründung der österreichischen Amateurbewegung einen wesentlichen Beitrag geleistet. Er war Gründungspräsident des Österreichischen Versuchssenderverbandes (ÖVSV) und Schriftleiter der wichtigen Zeitschrift „Die Radiowelt“, die die Amateure mit wichtigen technischen Informationen versorgte und auch für den Aufbau der österreichischen Radioindustrie eine bedeutende Rolle hatte.

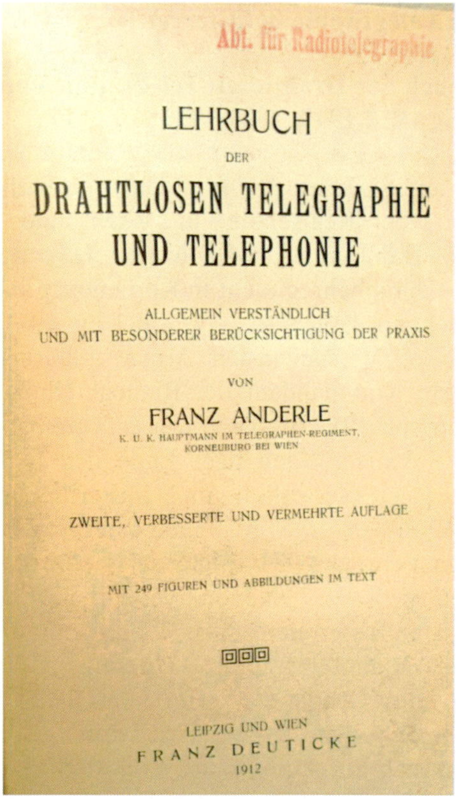

LEHRBUCH

DER

DRAHTLOSEN TELEGRAPHIE UND TELEPHONIE

ALLGEMEIN VERSTÄNDLICH
UND MIT BESONDERER BERÜCKSICHTIGUNG DER PRAXIS

VON

FRANZ ANDERLE

K. U. K. HAUPTMANN IM TELEGRAPHEN-REGIMENT, KORNEUBURG BEI WIEN

ZWEITE, VERBESSERTE UND VERMEHRTE AUFLAGE

MIT 249 FIGUREN UND ABBILDUNGEN IM TEXT

LEIPZIG UND WIEN
FRANZ DEUTICKE
1912

Anderle 1912

Anderle 1912, Apparatekarren Telefunken

Anderle 1912, Morse-Schreibempfänger

H. Halberstadt: Lehrbehelf über Funkentelegraphie für Flugzeugbeobachter, Wiener Neustadt 1916

Im militärischen Bereich hat die drahtlose Telegraphie vor allem bei der Aufgabe die Treffsicherheit der Artillerie zu verbessern eine Anwendung erfahren. Neben den USA und Deutschland so wurde auch in der k.u.k. Armee diese Anwendung verfolgt. Das vorliegende Buch von Hauptmann Heinrich Halberstadt, Lehrer an der Offizierschule in Wiener-Neustadt stellt ein Lehrbuch für Flugzeugpiloten dar. Dazu wird eingangs der Sendeapparat, der in das Flugzeug eingebaut ist, besprochen. Es folgen die einzuhaltenden Betriebsvorschriften dazu. Im zweiten Teil geht es um die Erdempfangsapparate und deren Betrieb. Alle Geräte werden in Fotografien dargestellt.

Der Eintritt der Elektronenröhre in die Drahtlose Telegraphie und Telephonie

Die Elektronenröhre hat die drahtlose Telegraphie und die drahtlose Telephonie um das Jahr 1920 auf eine neue technologische Stufe gestellt. Ab diesem Zeitpunkt war es möglich auf neue Art elektromagnetische Wellen zu erzeugen, diese mit einem Telegraphen-Code oder mit einer niederfrequenten Sprachschwingung zu modulieren und sowohl hochfrequente als auch niederfrequente Signale zu verstärken. In der Folge werden wichtige Bücher die dazu in den Anfangsjahren entstanden sind, angeführt.

USA

H.J. Van der Bijl: The Thermionic Vacuum Tube, New York 1920
Elmer E. Bucher: Vacuum Tubes in Wireless Communication. New York 1918
Alfred N. Goldsmith: Radio Telephony, New York 1918

H.J. Van der Bijl, aus Südafrika stammend, war Mitarbeiter der AT&T und von Western Electric. Sein Buch zu den Elektronenröhren stellt ein Meisterwerk dar. Mit den damit dargestellten Ergebnissen der Forschung wurde es möglich die Produktion von Elektronenröhren unter Einhaltung der dafür gewünschten Eigenschaften zu erzeugen. Das Buch erörtert auch die Rolle der Elektronenröhren zur Erzeugung von elektromagnetischen Schwingungen in Sendern und zur Realisierung der Demodulation und der Verstärkung in Empfängern.

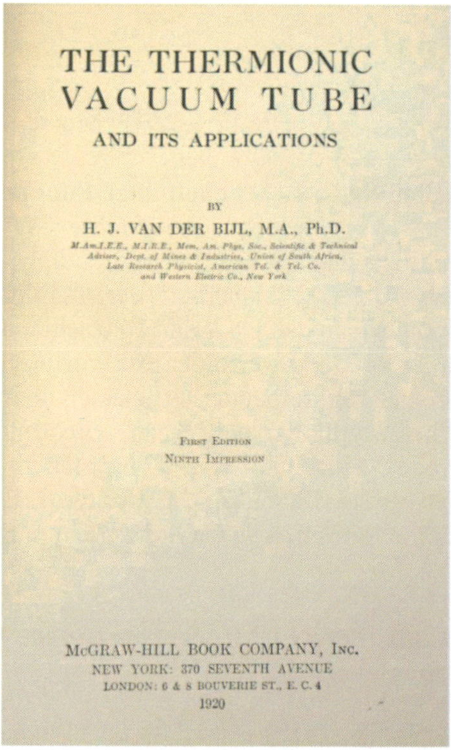

Van de Bijl 1920

Elmer Bucher, Ingenieur und Lehrbeauftragter der amerikanischen Marconi Gesellschaft, behandelt hauptsächlich die mit Elektronenröhren möglichen Schaltungen, die für Radio-Amateure von Interesse sind. Das Buch gilt als Standardwerk für die Radioamateure der damaligen Zeit.

Alfred N. Goldsmith behandelt das gesamte Gebiet der Radio-Telephonie, beginnend mit den Lichtbogensendern und den Hochfrequenzgeneratoren von Alexanderson bis zu den Schaltungen und Geräten, die eine Elektronenröhre als wesentliche Komponente verwenden.

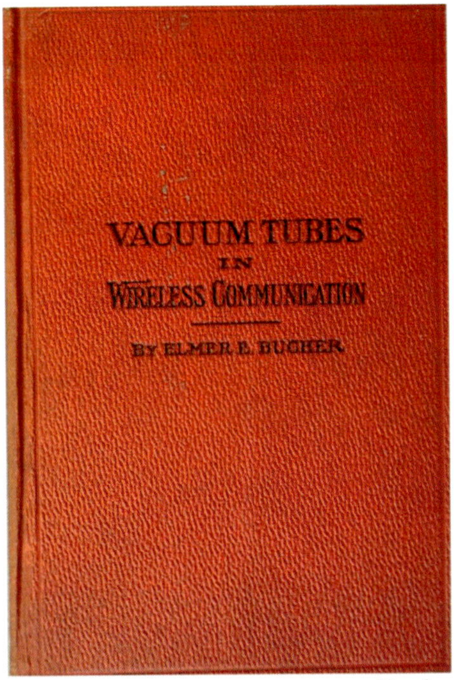

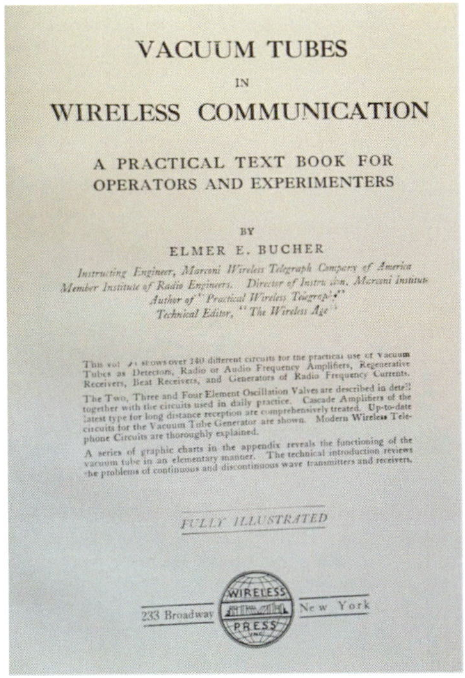

VACUUM TUBES

IN

WIRELESS COMMUNICATION

A PRACTICAL TEXT BOOK FOR
OPERATORS AND EXPERIMENTERS

BY

ELMER E. BUCHER

Instructing Engineer, Marconi Wireless Telegraph Company of America
Member Institute of Radio Engineers. Director of Instruction, Marconi Institute
Author of "Practical Wireless Telegraphy"
Technical Editor, "The Wireless Age"

This volume shows over 140 different circuits for the practical use of Vacuum Tubes as Detectors, Radio or Audio Frequency Amplifiers, Regenerative Receivers, Beat Receivers, and Generators of Radio Frequency Currents. The Two, Three and Four Element Oscillation Valves are described in detail together with the circuits used in daily practice. Cascade Amplifiers of the latest type for long distance reception are comprehensively treated. Up-to-date circuits for the Vacuum Tube Generator are shown. Modern Wireless Telephone Circuits are thoroughly explained.

A series of graphic charts in the appendix reveals the functioning of the vacuum tube in an elementary manner. The technical introduction reviews the problems of continuous and discontinuous wave transmitters and receivers.

FULLY ILLUSTRATED

233 Broadway WIRELESS PRESS INC. New York

Bucher 1918

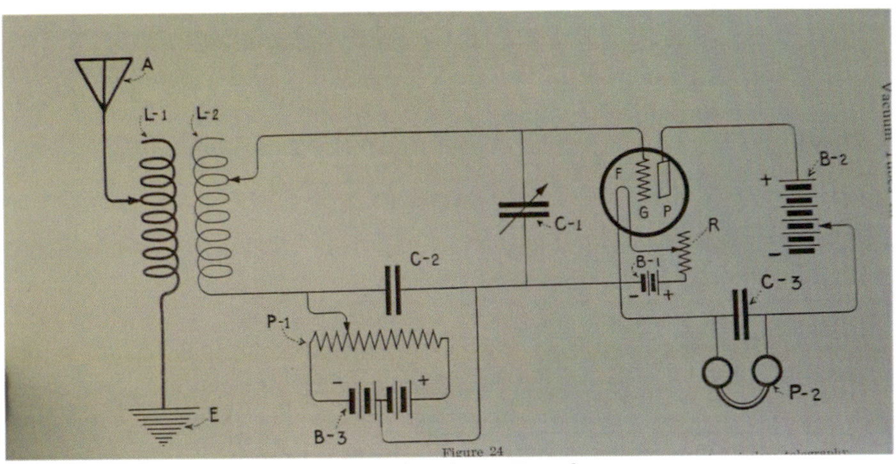

Bucher 1918, Einröhren-Empfänger

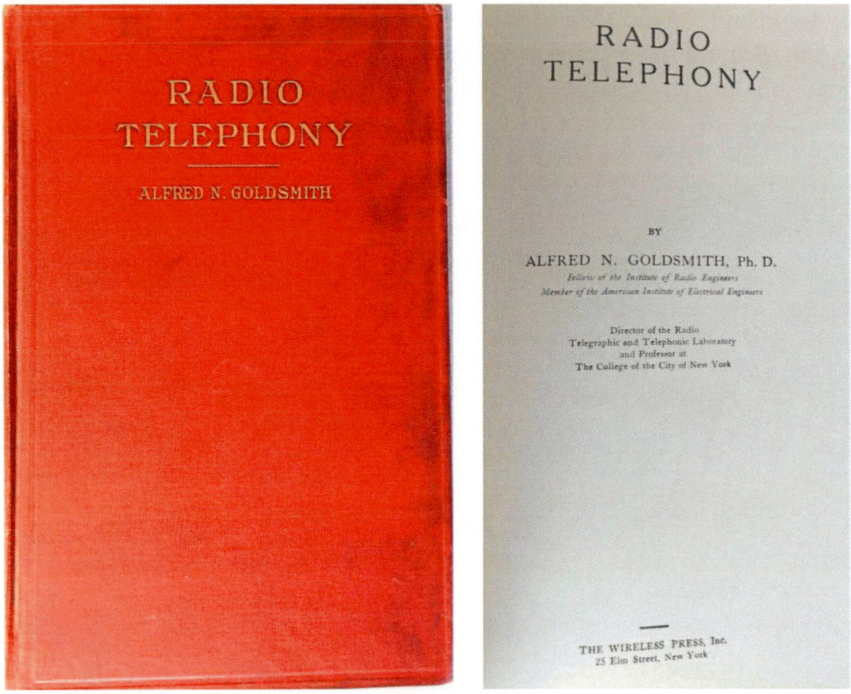

Goldsmith 1918

England

J.A. Fleming: The Thermionic Valve and its Developments in Radiotelegraphy and Telephony, London 1919, 1924
J.AS. Fleming: Introduction to Wireless Telegraphy and Telephony, London 1923
J.A. Fleming: Electrons, Electric Waves and Wireless Telephony, London 1923

J.A. Fleming hatte sich seit seiner Erfindung, die Vakuum-Diode (Fleming Valve) zum Empfang in der drahtlosen Telegraphie zu verwenden, stets auch als Professor an der Universität von London für die Entwicklung der Elektronenröhre interessiert und wissenschaftlich-technische Beiträge dazu geliefert. Als eines der Resultate liegt hier sein Buch über die „Thermionic Valve“ vor. Die beiden anderen Werke stellen allgemein verständliche Beiträge bzw. eine Sammlung von Vorträgen (Christmas Lectures) zum Thema der drahtlosen Telegraphie und drahtlosen Telephonie dar.

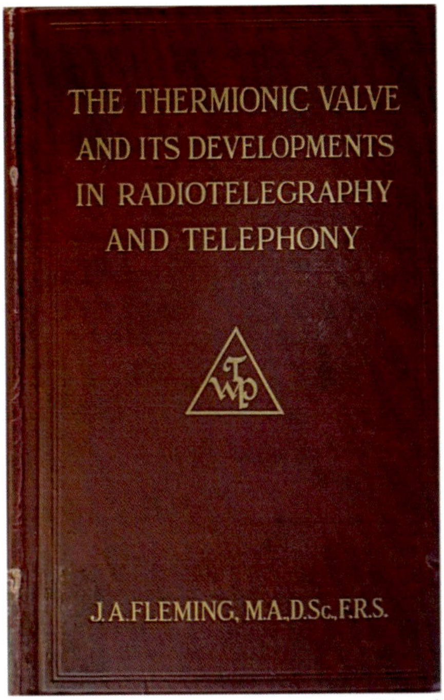

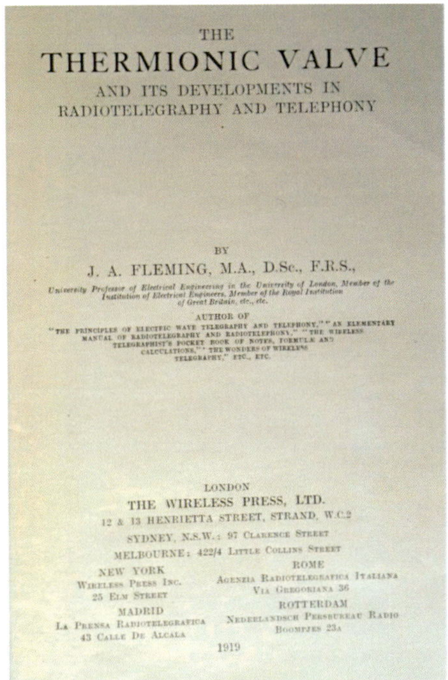

Fleming 1919

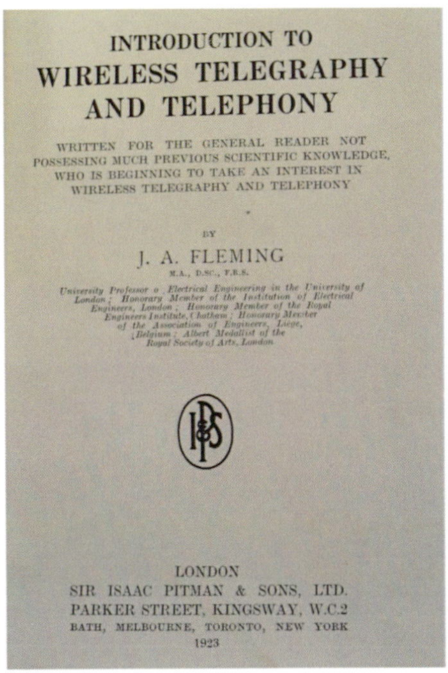

Fleming 1923

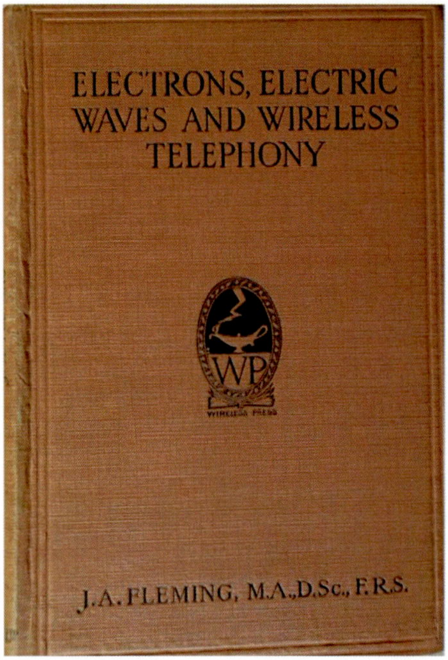

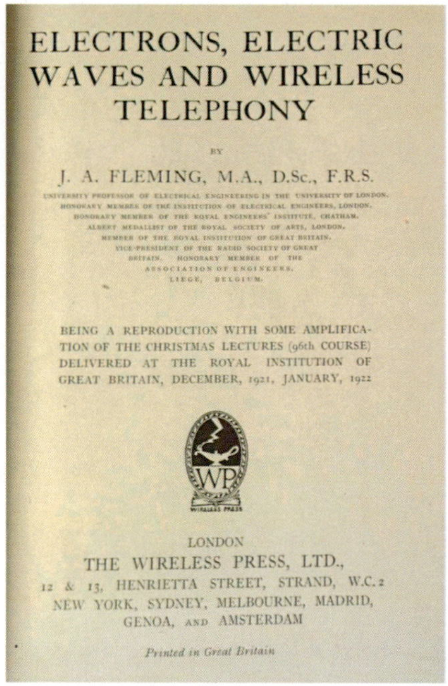
ELECTRONS, ELECTRIC
WAVES AND WIRELESS
TELEPHONY

BY

J. A. FLEMING, M.A., D.Sc., F.R.S.

UNIVERSITY PROFESSOR OF ELECTRICAL ENGINEERING IN THE UNIVERSITY OF LONDON.
HONORARY MEMBER OF THE INSTITUTION OF ELECTRICAL ENGINEERS, LONDON.
HONORARY MEMBER OF THE ROYAL ENGINEERS' INSTITUTE, CHATHAM.
ALBERT MEDALLIST OF THE ROYAL SOCIETY OF ARTS, LONDON.
MEMBER OF THE ROYAL INSTITUTION OF GREAT BRITAIN.
VICE-PRESIDENT OF THE RADIO SOCIETY OF GREAT
BRITAIN. HONORARY MEMBER OF THE
ASSOCIATION OF ENGINEERS,
LIEGE, BELGIUM.

BEING A REPRODUCTION WITH SOME AMPLIFICATION OF THE CHRISTMAS LECTURES (96th COURSE) DELIVERED AT THE ROYAL INSTITUTION OF GREAT BRITAIN, DECEMBER, 1921, JANUARY, 1922

WP
WIRELESS PRESS

LONDON
THE WIRELESS PRESS, LTD.,
12 & 13, HENRIETTA STREET, STRAND, W.C.2
NEW YORK, SYDNEY, MELBOURNE, MADRID,
GENOA, AND AMSTERDAM

Printed in Great Britain

Fleming 1923

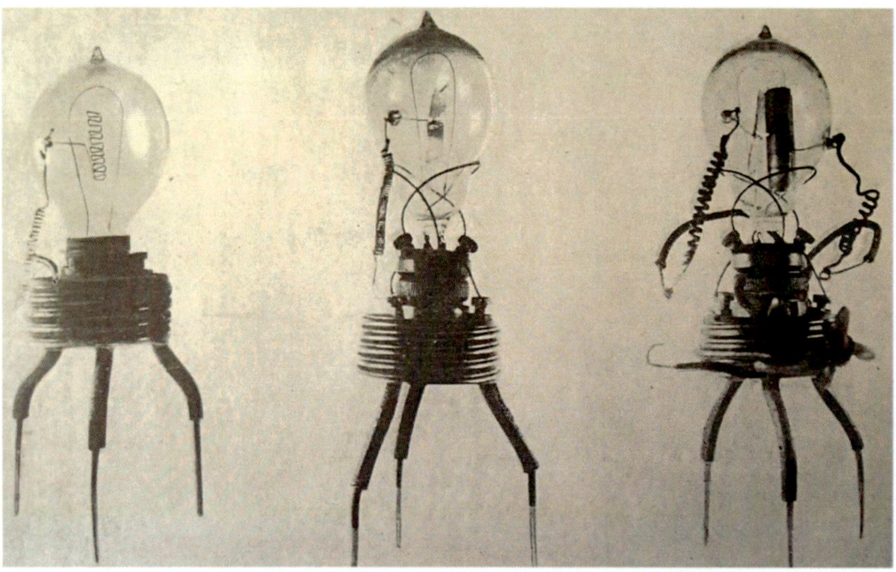

Fleming 1919, Vacuum-Diodes made by J.A. Fleming

Deutschland

Heinrich Barkhausen: Elektronenröhren, I., II., III. Band
Leipzig 1926, 1928, 1929

Heinrich Barkhausen wurde im Jahre 1881 in Bremen geboren. Nach dem Abitur begann er sein Studium an der Technischen Hochschule München, wechselte dann an die Universität Berlin um schließlich in Göttingen unter Professor Simon dieses mit einer Dissertation zum Problem der Schwingungserzeugung im Jahre 1907 abzuschließen. Nach einer Tätigkeit bei Siemens & Halske in Berlin und als Privatdozent an der Technischen Hochschule in Berlin wurde er 1911 als Professor für Schwachstromtechnik an die Technische Hochschule Dresden berufen. Dies war seine Lebensstellung bis zu seiner Emeritierung im Jahre 1953. Barkhausen verstarb im Jahre 1956 in Dresden. Sein Lehrbuch zu den Elektronenröhren galt in Deutschland für viele Generationen von Studenten und Schwachstromtechnikern als das Standardwerk.

Barkhausen 1926